高等职业教育精品工程规划教材

数控机床编程与操作

李小平　刘海兰　主编

罗彬宾　姚建方　参编

宋书善　主审

電子工業出版社
Publishing House of Electronics Industry
北京·BEIJING

内 容 简 介

本书由 7 个项目构成。内容以加工中心、数控车床的编程与操作为核心，以 FANUC 数控系统为主，华中系统和 SIEMENS 系统为辅，主要包含了数控机床的基本知识、数控加工的工艺分析、数控铣床、加工中心的编程、数控车床编程、加工中心及数控车床的操作、北京 VNUC 数控仿真系统软件的应用等内容。将理论知识与数控编程及数控机床操作等融为一体，体现了以职业活动为主线，讲中学、学中练的鲜明职业教育特点。

教材内容具有理论联系实际、注重实践教学、实用性强等特点，重点突出、主次分明、循序渐进、图文并茂、实例丰富。在每一项目完成之后还精心挑选了一部分课后练习题，以便学生课后练习。

本书可作为高等职业学院机电类各专业的教材，也可供其它专科院校使用或技术人员参考。

未经许可，不得以任何方式复制或抄袭本书之部分或全部内容。
版权所有，侵权必究。

图书在版编目（CIP）数据

数控机床编程与操作 / 李小平，刘海兰主编．—北京：电子工业出版社，2013.7

ISBN 978-7-121-20828-7

Ⅰ．①数… Ⅱ．①李… ②刘… Ⅲ．①数控机床－程序设计－高等学校－教材②数控机床－操作－高等学校－教材　Ⅳ．①TG659

中国版本图书馆 CIP 数据核字（2013）第 143194 号

责任编辑：郭乃明　　特约编辑：范　丽
印　　刷：北京虎彩文化传播有限公司
装　　订：北京虎彩文化传播有限公司
出版发行：电子工业出版社
北京市海淀区万寿路 173 信箱　邮编　100036
开　　本：787×1 092　1/16　印张：14　字数：346 千字
版　　次：2013 年 7 月第 1 版
印　　次：2019 年 7 月第 4 次印刷
定　　价：29.00 元

凡所购买电子工业出版社图书有缺损问题，请向购买书店调换。若书店售缺，请与本社发行部联系，联系及邮购电话：(010) 88254888，88258888。
质量投诉请发邮件至 zlts@phei.com.cn，盗版侵权举报请发邮件至 dbqq@phei.com.cn。
本书咨询联系方式：QQ34825072。

前　　言

为适应我国现阶段高职教育改革的新形势，按照国家示范性高职院校核心课程建设的要求，根据常州信息职业技术学院教材建设标准，总结笔者多年从事数控机床编程与操作、数控实训的教学经验，结合教学常用的数控设备编写了这本体现任务驱动与项目训练模式的教材。

全书依据"以应用为目的，以必需、够用为度"的原则，从实际应用的需要出发，尽量减少枯燥的理论概念，在编写过程中，以任务为主线，对原有的知识进行合理地解构与重构，形成了全新的具有明显职业教育特色的内容体系。

书中选取的数控系统，以社会上普及率较高的 FANUC 数控系统为主，详细介绍了数控铣床及加工中心、数控车床的编程与操作以及北京 VNUC4.0 数控仿真系统软件的应用。重点突出、主次分明、深入浅出，为典型指令准备了富有针对性的实例。在编写过程中，"相关知识"力求精简；"任务实施"力求详细；"归纳总结"力求给出任务实施过程的关键。本书具有鲜明的理论联系实际、注重实践教学、实用性强等特点。

本书适合于高等职业教育机械类各专业教学使用，参考学时为 60 左右。在使用过程中，教师可根据实际教学时数及教学条件进行适当取舍。

本书由常州信息职业技术学院李小平、刘海兰担任主编。参加本书编写的有李小平（项目三、项目四及附录）、刘海兰（项目一、项目二）、常州信息职业技术学院罗彬宾（项目六、项目七）、常州信息职业技术学院姚建方（项目五）。此外，本书在编写过程中，得到了高飞、夏丽英、虞俊、汤云龙的大力支持和帮助，在此深表感谢。

全书由李小平统稿，宋书善主审。

在编写过程中，得到了常州信息职业技术学院机电工程学院领导的大力支持和帮助，在此一并表示衷心感谢。

由于编者水平有限，数控技术发展迅速，不妥和疏漏之处在所难免，欢迎读者不吝指正。

编　者
2013 年 3 月

目　　录

项目一　数控机床与操作基础 ·· (1)

　　任务一　数控机床的基本知识 ·· (1)

　　任务二　加工中心的刀具、夹具系统 ··· (6)

项目二　数控加工的工艺分析 ·· (18)

　　任务一　数控加工的工艺内容 ·· (18)

　　任务二　数控铣床、加工中心加工工艺分析 ··· (21)

项目三　数控铣床、加工中心的编程 ·· (31)

　　任务一　数控编程基础 ··· (31)

　　任务二　不带刀具半径补偿的轮廓加工 ··· (49)

　　任务三　带刀具半径补偿的轮廓加工 ·· (52)

　　任务四　刀具半径补偿的应用 ·· (57)

　　任务五　内、外轮廓加工中残料的清除 ··· (61)

　　任务六　子程序及其应用 ··· (68)

　　任务七　孔加工固定循环 ··· (77)

　　任务八　坐标系旋转功能 ··· (87)

项目四　数控车床编程 ··· (97)

　　任务一　数控车床的基本知识 ·· (97)

　　任务二　数控车床编程基础 ·· (100)

　　任务三　简单零件编程与加工 ·· (105)

　　任务四　外圆加工单一固定循环 ··· (109)

　　任务五　外圆粗、精车循环（G71、G70） ··· (112)

　　任务六　切槽与螺纹加工固定循环 ·· (115)

　　任务七　多重复合固定循环 ·· (124)

　　任务八　复合螺纹切削循环和深孔钻循环 ·· (127)

　　任务九　子程序 ·· (129)

项目五　加工中心的操作 ·· (138)

　　任务一　面板及基本操作 ··· (138)

　　任务二　编程指令与程序结构 ·· (143)

  任务三 对刀 ………………………………………………………………………（148）

项目六 数控车床操作 ……………………………………………………………（155）

  任务一 数控车床及刀具介绍 ……………………………………………………（155）
  任务二 手动、手轮操作 …………………………………………………………（157）
  任务三 手动辅助机能操作 ………………………………………………………（158）
  任务四 MDI方式、程序编辑及程序的模拟 ……………………………………（159）
  任务五 对刀及自动加工 …………………………………………………………（162）

项目七 数控加工中心仿真教学系统的应用 …………………………………（165）

  任务一 仿真系统界面介绍 ………………………………………………………（165）
  任务二 数控系统界面及坐标系设定 …………………………………………（174）
  任务三 程序创建与编辑 …………………………………………………………（199）
  任务四 自动加工 …………………………………………………………………（209）

附录A CK6136S数控车床技术参数 ……………………………………………（214）

附录B HAAS的VF-3型加工中心的技术参数 …………………………………（215）

参考文献 ……………………………………………………………………………（216）

项目一 数控机床与操作基础

任务一 数控机床的基本知识

一、数控机床的产生与发展

1. 数控机床的产生

1952 年美国帕森斯公司和麻省理工学院伺服机构实验室合作研制成功世界上第一台三坐标数控立式铣床，用它来加工直升机叶片轮廓检查用样板。这是一台采用专用计算机进行运算与控制的直线插补轮廓控制数控机床，专用计算机采用电子管元件，逻辑运算控制采用硬件连接的电路。1955 年，这类机床进入实用阶段，在复杂曲面的加工中发挥了重要作用，这就是第一代数控系统。之后随着自动控制技术、微电子技术、计算机技术、精密测量技术及机械制造技术的迅速发展，数控机床经历了晶体管，中、小规模集成电路，大规模集成电路以及微机时代。

2. 数控机床的基本概念

（1）数控技术

数控技术，简称数控（Numerical Control，NC）是利用数字化信息对机械运动及加工过程进行控制的一种方法。由于现代数控都采用了计算机进行控制，因此，也可以称为计算机数控（Computer Numerical Control，CNC）。

（2）数控系统

为了对机械运动及加工过程进行数字化信息控制，必须具备相应的硬件和软件。用来实现数字化信息控制的硬件和软件的整体称为数控系统。

（3）数控机床

采用数控技术进行控制的机床，称为数控机床。它是一种综合应用了计算机技术、自动化技术、精密测量技术和机床设计等先进技术的典型机电一体化产品，是现代制造技术的基础。机床控制也是数控技术应用最早、最广泛的领域，数控机床的水平代表了当前数控技术的性能、水平和发展方向。

3. 数控机床的发展

（1）高速化

提高生产率是机床技术追求的基本目标之一。数控机床高速化可充分发挥现代刀具材料的性能，不但可大幅度提高加工效率，降低加工成本，而且还可提高零件的表面加工质量和精度，对制造业实现高效率、高精度、低成本生产具有广泛的适用性。

（2）高精度

随着现代科学的发展，新材料及新零件不断出现，对精密加工技术不断提出新的要求，提高加工精度，发展新型超精密加工机床，完善精密加工技术，以适应现代科技的发展，是现代数控机床的发展方向之一。

（3）高柔性

柔性即适应性，采用柔性自动化设备或系统，是提高加工精度和效率，缩短生产周期，适应市场变化需求和提高竞争能力的有效手段。数控机床在提高单机柔性的同时，也朝着单元柔性化和系统柔性化发展。如出现可编程控制器控制的可调组合机床、数控多轴加工中心、换刀换箱式加工中心、数控三坐标动力单元等具有柔性的高效加工设备、柔性加工单元（FMC）、柔性制造系统（FMS）以及介于传统自动线与柔性制造系统之间的柔性制造线（FTL）。

（4）高度智能化

随着人工智能在计算机领域的不断渗透与发展，为适应制造业生产柔性化、自动化发展需要，智能化正成为数控设备研究及发展的热点，它不仅贯穿在生产加工的全过程，还贯穿在产品的售后服务和维修中，目前采取的主要技术措施包括以下几个方面。

① 自适应控制技术。
② 专家系统技术。
③ 故障自诊断、自修复技术。
④ 智能化交流伺服技术。
⑤ 模式识别技术、应用图像识别和声控技术。
⑥ 网络化。
⑦ 开放式体系结构。

二、数控机床的工作原理及基本组成

1. 数控机床的工作原理

用数控机床加工零件时，首先应将加工零件的几何信息和工艺信息编制成加工程序，由输入部分送入数控装置，经过数控装置的处理、运算，按各坐标轴的分量送到各轴的驱动电路，经过转换、放大去驱动伺服电动机，带动各轴运动，并进行反馈控制，使刀具与工件及其它辅助装置严格地按照加工程序规定的顺序、轨迹和参数有条不紊地工作，从而加工出零件。

2. 数控机床的组成

数控机床主要由输入输出装置、数控装置、伺服系统、检测和反馈装置组成。

（1）输入输出装置

数控机床工作时，不需人参与直接操作，但人又必须参与对操作的控制，所以人和数控机床之间必须建立某种联系，这种联系需通过输入输出装置来完成。

（2）数控装置

数控装置又称为数控系统的"大脑"，它是数控机床的中枢，用来接受并处理输入介质的信息，并将代码加以识别、存储、运算，并输出相应的脉冲信号，把这些信号传给放大驱动伺服和系统。

数控装置由输入接口，运算器、内部存储器、输出接口组成。如图1-1所示。

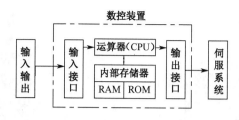

图 1-1 数控装置的组成

数控装置中的译码、处理、计算公式和控制的步骤都是预先安排好的，这种安排可以用专用计算机的刚性结构来实现，也可用小型通用计算机或微型计算机的刚性结构来实现，目前主要采用专用的微型计算机来实现控制。用微型机构构成数控装置，其 CPU 实现控制和运算，内部存储器中只读存储器存放系统控制程序，读写存储器存放零件的加工程序和系统运行时的工作参数，I/O 接口实现输入输出的功能。数控机床的功能强弱主要由数控装置的功能来决定，所以它是数控机床的核心部分。

（3）伺服系统

伺服系统是数控装置与机床本体间的电传动联系环节，也是数控系统的执行部分。伺服系统包括驱动和执行机构两大部分，伺服系统把从数控装置输入的脉冲信号通过放大和驱动使机床运动部件运动或使执行机构完成相应动作。伺服系统可分为开环伺服系统、闭环伺服系统和半闭环伺服系统。

目前在数控机床的伺服系统中，常用的位移执行机构有功率步进电机、直流伺服电机和交流伺服电机，后两种都带有感应同步器、光电编码器等位置测量元件，所以伺服机构的性能决定了数控机床的精度与快速响应性。

（4）检测和反馈装置

检测和反馈装置的作用是检测位移和速度，将反馈信号发送到数控装置。数控机床的加工精度主要是由检测反馈装置的精度决定的。检测反馈装置具体可分为增量式与绝对式、数字式与模拟式。常用的检测反馈装置元件有：旋转变压器、感应同步器、光电编码器、光栅、磁栅等。不同的数控机床，根据不同的工作环境和不同的检测要求，应采用不同的检测方式。

三、数控机床的分类

1. 按工艺用途分类

数控机床按工艺用途可分为普通数控机床、加工中心、特种加工数控机床。

（1）普通数控机床

普通数控机床是与传统的普通机床工艺可行性相似的各种数控机床的统称。如果从使用角度考虑并按机床加工特性，又可分为数控车床、数控铣床、数控刨床、数控磨床、数控钻床等。如进一步分析机床的结构等因素，还能进行更细的分类。例如，普通数控车床还可分为卧式、立式、卡盘式和顶尖式数控车床等。

（2）加工中心

数控加工中心机床简称加工中心，是带有刀库和自动换刀装置，并具有多种工艺手段的数控机床，其中较为典型的是镗铣加工、车铣加工中心，如图 1-2 所示。

镗铣加工中心

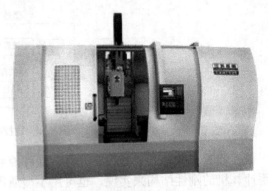
车铣加工中心

图 1-2 加工中心

加工中心设置有刀库和相应的换刀机构，其刀库中可存放几把至几百把不同类型的刀具或检测用工具，这些刀具或检测用具在加工过程中通过加工程序可自动进行选用及更换。图 1-3 所示为刀库结构图。

图 1-3 加工中心刀库结构

加式中心的特点是：零件经一次装夹后，能自动进行多工序的连续加工，以省去较多的工装时间。其加工的典型零件以复杂、精密的箱体类及盘类零件居多。

加工中心可分为多种类别，除常见的立式、卧式外还有龙门加工中心、复合加工中心等。

（3）特种数控加工机床

特种数控机床是配备特殊的数控装置并自动进行特种加工的机床，其特种加工的含义主要是指加工手段特殊，零件的加工部位特殊，加工的工艺性能要求特殊等。常见的特种数控机床有：数控线切割机床，数控激光加工机床、数控电脉冲加工机床等。

2. 按运动方式分类

（1）点位控制系统

点位控制数控机床的机械运动可实现点到点的准确定位控制，但对其点到点之间的运动轨迹不作严格要求，为减少移动部件的运动与定位时间，一般先快速移动到终点附近位置，然后以低速准确移动到终点定位位置，以保证良好的定位精度，定位运动的过程中刀具不进行切削，如图 1-4 所示。这类系统大都应用于数控坐标镗床、数控钻床、数控冲床等。

（2）点位直线控制系统

点位直线控制系统是指数控系统不仅可控制刀具或工作台从一个点准确地移动到另一个点，而且保证在两点之间的运动轨迹是一条直线的控制系统。移动部件在移动过程中可进行切削，如图 1-5 所示。这类系统大都应用于数控车床、数控钻床和简易数控铣床等。

（3）轮廓控制系统

轮廓控制系统也称为连续控制系统，是指数控系统能够对两个或两个以上的坐标轴同时进行严格连续控制的系统。它不仅能控制移动部件从一个点准确地移动到另一个点，而且还能控制整个加工过程每一点的速度与位移量，将零件加工成一定轮廓形状，如图 1-6 所示。应用这类控制系统的有数控铣床、数控车床、数控齿轮加工机床和加工中心等。

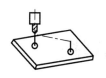
图 1-4　点位控制系统

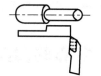
图 1-5　直线控制系统

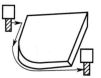
图 1-6　轮廓控制系统

3．按控制方式分类

（1）开环控制系统

开环控制系统一般又称为步进电机驱动系统，它的主要特征是系统内没有位置检测反馈装置。这类伺服系统的控制原理如图 1-7 所示。开环伺服系统在工作中，不需要比较其指令位置与实际位置之间的误差，也不能进行误差补偿控制。这类系统的控制精度主要取决于系统的传动链及驱动电机本身，故控制精度不高，但因其结构简单、工作稳定、调试及维修方便，价格比较低廉。

图 1-7　开环控制系统

（2）半闭环控制系统

半闭环控制系统是在开环控制系统的伺服机构中装有角度位移检测装置的控制系统，它可通过检测伺服机构的滚珠丝杠转角间接检测移动部件的位移，然后反馈到数控装置的比较器中，与输入的指令位移值进行比较，用比较后的差值进行控制，使移动部件补充位移，直至差值消除为止。由于半闭环控制系统未将移动部件的传动丝杠螺母机构包括在闭环中，所以丝杠螺母机构的误差仍然会影响移动部件的位移精度。图 1-8 所示为半闭环控制系统控制原理图。

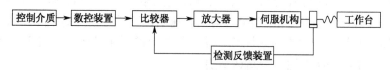
图 1-8　半闭环控制系统

（3）闭环控制系统

图 1-9 所示为闭环控制系统框图，闭环控制系统是在机床移动部件位置上直接装有直线位置检测装置的控制系统，它可将检测到的实际位移反馈到数控装置的比较器中，与输入的原指令位移值进行比较，用比较后的差值控制移动部件进行补充位移，直到差值消除才停止移动，以实现精确定位。闭环系统的精度很高，一般应用在高精度数控机床上。由于系统增加了检测、比较与反馈装置，所以结构比较复杂，调试维修比较困难。

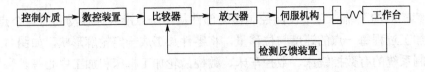

图 1-9 闭环控制系统

任务二 加工中心的刀具、夹具系统

一、加工中心刀具的基本特点

为了适应数控机床加工精度高、加工效率高、加工工序集中及零件装夹次数少等特点，数控机床对所用的刀具有许多性能上的要求。与普通机床的刀具相比，加工中心用刀具及刀具系统具有以下特点：

（1）刀片和刀柄高度通用化、规则化、系列化；
（2）刀片和刀具几何参数和切削参数规范化、典型化；
（3）刀片或刀具材料及切削参数须与被加工工件的材料相匹配；
（4）刀片或刀具的耐用度高，加工刚性好；
（5）刀片及刀柄的定位基准精度高，刀柄对机床主轴的相对位置要求也较高；
（6）刀柄须有较高的强度、刚度和耐磨性，刀柄及刀具系统的重量不能超标；
（7）刀柄的转位、拆装和重复定位精度要求高。

二、加工中心用刀具材料

1. 常用刀具材料

常用的数控刀具材料有高速钢、硬质合金、涂层硬质合金、陶瓷、立方氮化硼、金刚石等。其中，高速钢、硬质合金和涂层硬质合金在数控铣削刀具中应用最广。

高速钢是指加了较多的钨、钼、铬、钒等合金元素的高合金工具钢，其常用的牌号有W18Cr4V、W14Cr4VCo5 和 W6Mo5Cr4V2 等。高速钢铣刀具有较高的强度和韧性，主要用于复杂刀具和精加工刀具，但刀具耐热性差。该刀具材料的适用性较广，可用于各种金属的加工，由于其耐热性差，因此不适用于高速切削。

硬质合金分成钨钴（K）类、钨钛钴（P）类、钨钛钽钴（M）类等。常用刀具规格有YG3、YG6、YG8、YT5、YT15、YT30、YW1、YW2 等。硬质合金具有高硬度、高耐磨性、高耐热性的特点，但其抗弯强度和冲击韧性较差，因此该材料适用于精加工或加工钢及韧性较大的塑性金属。

涂层硬质合金是在普通硬质合金的基体上通过"涂镀"新工艺而得到的，使得其耐磨、耐热和耐腐蚀性能得到大大提高。因此，其使用寿命比普通硬质合金至少可提高 1~3 倍。

陶瓷材料是含有金属氧化物或氮化物的无机非金属材料，该材料具有很高的硬度和耐磨性，很强的耐高温性和较低的摩擦系数。因此，陶瓷刀片是加工淬硬钢（达 65HRC 左右）及其它难加工材料的首选刀具。

立方氮化硼及金刚石材料具有极高的硬度和耐磨性，分别适用于精加工各种淬硬钢及高速精加工钛或铝合金工件，但不宜承受冲击和低速切削，也不宜加工软金属，且价格较高。

2．刀具材料性能比较

以上各刀具材料的硬度和韧性对比如图1-10所示。

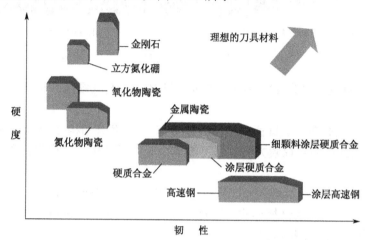

图1-10 不同刀具材料的硬度与韧性对刀

三、加工中心用刀具的种类

加工中心的刀具种类很多，根据刀具的加工用途，其刀具可分为轮廓类加工刀具和孔类加工刀具等几种类型。

1．轮廓类加工刀具

轮廓类加工刀具主要有面铣刀、立铣刀、键槽铣刀、模具铣刀和成形铣刀等。

（1）面铣刀

面铣刀（图1-11）的圆周表面和端面上都有切削刃，端部切削刃为副切削刃。面铣刀多制成套式镶齿结构，刀齿为高速钢或硬质合金，刀体为40Cr。

刀片和刀齿与刀体的安装方式有整体焊接式、机夹-焊接式和可转位式三种，其中可转位式是当前最常用的一种夹紧方式。采用可转位夹紧方式时，当刀片的一个切削刃用钝后，可直接在机床上将刀片转位或更换新刀片，从而提高了加工效率和产品质量。

图1-11 面铣刀

根据盘铣刀刀具型号的不同，面铣刀直径可取 $d=40\sim400mm$，螺旋角 $\beta=10°$，刀齿数取 $Z=4\sim20$。

（2）立铣刀

立铣刀（图1-12）是数控机床上用得最多的一种铣刀。立铣刀的圆柱表面和端面上都有切削刃，圆柱表面的切削刃为主切削刃，端面上的切削刃为副切削刃，它们可同时进行切削，也可单独进行切削。主切削刃一般为螺旋齿，这样可以增加切削平稳性，提高加工精度。端面刃主要用来加工与侧面相垂直的底平面。

(a) 直柄立铣刀　　　　　　　　(b) 锥柄立铣刀

图 1-12　立铣刀

标准立铣刀的螺旋角 β 为 40°～45°（粗齿）和 30°～35°（细齿），套式结构立铣刀的 β 为 15°～25°；

粗齿立铣刀齿数 $Z=3～4$，细齿立铣刀齿数 $Z=5～8$，套式结构 $Z=10～20$；容屑槽圆弧半径 $r=2～5mm$。当立铣刀直径较大时，还可制成不等齿距结构，以增强抗振性能，使切削过程平稳。

立铣刀的刀柄有直柄和锥柄之分。直径较小的立铣刀一般做成直柄形式。对于直径较大的立铣刀，一般做成 7:24 的锥柄形式。还有一些大直径（$\phi25～80mm$）的立铣刀，除采用锥柄形式外，还采用内螺孔来拉紧刀具。

（3）键槽铣刀

键槽铣刀（图 1-13）圆柱面和端面都有切削刃，端面刃延伸至中心，既像立铣刀，又像钻头。加工时先轴向进给达到槽深，然后沿键槽方向铣出键槽全长。

按国家标准规定，直柄键槽铣刀直径 $d=2～22mm$，锥柄键槽铣刀直径 $d=14～50mm$。键槽铣刀直径的精度要求较高，其偏差有 e8 和 d8 两种。键槽铣刀重磨时，只需刃磨端面切削刃，因此重磨后铣刀直径不变。

（4）模具铣刀

模具铣刀由立铣刀发展而成，可分为圆锥形立铣刀（圆锥半角 $\alpha/2=3°、5°、7°、10°$）、圆柱形球头立铣刀和圆锥形球头立铣刀三种，其柄部有直柄、削平型直柄和莫氏锥柄。模具铣刀中，圆柱形球头立铣刀（图 1-14）在数控机床上应用较为广泛。

图 1-13　键槽铣刀　　　　　　　图 1-14　球头铣刀

（5）成形铣刀和鼓形铣刀

鼓形铣刀的切削刃分布在半径为 R 的圆弧面上，端面无切削刃。该刀具主要用于斜角平面和变斜角平面的加工。这种刀具的缺点是刃磨困难，切削条件差，而且不适于加工有底的轮廓表面。

成形铣刀是为特定的工件或加工内容专门设计制造的，如角度面、凹槽、特形孔或台等。

2．孔类加工刀具

孔类加工刀具主要有钻头、铰刀、镗刀等。

(1) 钻头

加工中心常用的钻头（图 1-15）有中心钻、标准麻花钻、扩孔钻、深孔钻和锪孔钻等。麻花钻由工作部分和柄部组成。工作部分包括切削部分和导向部分，而柄部有莫氏锥柄和圆柱柄两种。刀具材料常使用高速钢和硬质合金。

(a) 中心钻　　　　(b) 标准麻花钻　　　　(c) 标准扩孔钻

图 1-15　加工中心用钻头

中心钻（图 1-15a）主要用于孔的定位，由于切削部分的直径较小，所以中心钻钻孔时，应选取较高的转速。

标准麻花钻（图 1-15b）的切削部分有两个主切削刃、两个副切削刃、一个横刃和两个螺旋槽组成。在加工中心上钻孔，因无夹具钻模导向，受两切削刃上切削力不对称的影响，容易引起钻孔偏斜，故要求钻头的两切削刃必须有较高的刃磨精度（两刃长度一致，顶角 2Φ 对称于钻头中心线或先用中心钻定中心，再用钻头钻孔）。

标准扩孔钻（图 1-15c）一般有 3～4 条主切削刃、切削部分的材料为高速钢或硬质合金，结构形式有直柄式、锥柄式和套式等。在小批量生产时，常用麻花钻改制。

所谓深孔，是指孔深与孔直径之比大于 5 而小于 100 的孔。加工深孔时散热差，排屑困难，钻杆刚性差，易使刀具损坏和引起孔的轴线偏斜，从而影响加工精度和生产率。故应选用深孔刀具加工。

锪钻主要用于加工锥形沉孔或平底沉孔。锪孔加工的主要问题是所锪端面或锥面产生振痕。因此，在锪孔过程中要特别注意刀具参数和切削用量的正确选用。

(2) 铰刀

加工中心大多采用通用标准铰刀进行铰孔。此外，还使用机夹硬质合金刀片单刃铰刀和浮动铰刀等。铰孔的加工精度可达 IT6～IT9 级、表面粗糙度 Ra 可达 0.8～1.6μm。

标准铰刀（图 1-16）有 4～12 齿，由工作部分、颈部和柄部三部分组成。铰刀工作部分包括切削部分与校准部分。切削部分为锥形，担负主要切削工作。切削部分的主偏角为 5°～15°，前角一般为 0°，后角一般为 5°～8°。校准部分的作用是校正孔径、修光孔壁和导向。校准部分包括圆柱部分和倒锥部分。圆柱部分保证铰刀直径和便于测量，倒锥部分可减少铰刀与孔壁的摩擦和减小孔径扩大量。整体式铰刀的柄部有直柄和锥柄之分，直径较小的铰刀一般做成直柄形式，而大直径铰刀则常做成锥柄形式。

(3) 镗孔刀具

镗孔所用刀具为镗刀。镗刀种类很多，按加工精度可分为粗镗刀和精镗刀。此外，镗刀按切削刃数量可分为单刃镗刀和双刃镗刀。

① 粗镗刀：粗镗刀（图 1-17）结构简单，用螺钉将镗刀刀头装夹在镗杆上。刀杆顶部和侧部有两只锁紧螺钉，分别起调整尺寸和锁紧作用。镗孔时，所镗孔径的大小要靠调整刀具

的悬伸长度来保证,调整麻烦,效率低,大多用于单件小批生产。

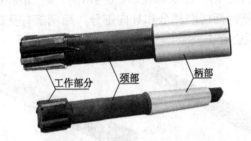

图 1-16　机用铰刀　　　　　图 1-17　单刃粗镗刀

② 精镗刀：精镗刀目前较多地选用可调精镗刀（图 1-18）。这种镗刀的径向尺寸可以在一定范围内进行调节，调节方便且精度高。调整尺寸时，先松开锁紧螺钉，然后转动带刻度盘的调整螺母，等调至所需尺寸，再拧紧锁紧螺钉。

单刃镗刀刚性差，切削时易引起振动，所以镗刀的主偏角选得较大，以减小径向力。镗铸铁孔或精镗时，一般取主偏角 $k_r=90°$；粗镗钢件孔时，取 $k_r=60°\sim75°$，以提高刀具的寿命。

③ 双刃镗刀：双刃镗刀（图 1-19）的两端有一对对称的切削刃同时参加切削，与单刃镗刀相比，每转进给量可提高一倍左右，生产效率高。同时，可以消除切削力对镗杆的影响。

图 1-18　可调精镗刀　　　　　图 1-19　双刃镗刀

（4）镗孔刀刀头

镗刀刀头有粗镗刀刀头（图 1-20）和精镗刀刀头（图 1-21）之分，粗镗刀刀头与普通焊接车刀相类似；精镗刀刀头上带刻度盘，每格刻线表示刀头的调整距离为 0.01mm（半径值）。

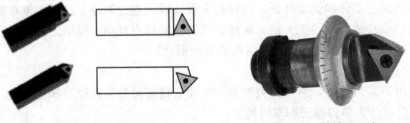

图 1-20　粗镗刀刀头　　　　　图 1-21　精镗刀刀头

四、加工中心用刀柄系统

数控铣床、加工中心用刀柄系统由三部分组成,即刀柄、拉钉和夹头(或中间模块)。

1. 刀柄

切削刀具通过刀柄与数控铣床主轴连接,其强度、刚性、耐磨性、制造精度以及夹紧力等对加工有直接的影响。数控铣床刀柄一般采用 7:24 锥面与主轴锥孔配合定位,刀柄及其尾部供主轴内拉紧机构用的拉钉已实现标准化,其使用的标准有国际标准(ISO)和中国、美国、德国、日本等各国国家标准。因此,数控铣床刀柄系统应根据所选用的数控铣床要求进行配备。

加工中心刀柄可分为整体式与模块式两类。根据刀柄柄部形式及所采用国家标准而不同,我国使用的刀柄常分成 BT(日本 MAS403-75 标准)、JT(GB/T10944-1989 与 ISO7388-1983 标准,带机械手夹持槽)、ST(ISO 或 GB,不带机械手夹持槽)和 CAT(美国 ANSI 标准)等几种系列,这几种系列的刀柄除局部槽的形状不同外,其余结构基本相同。根据锥柄大端直径的不同,与其相对应的刀柄又分成 40、45、50(个别的还有 30 和 35)等几种不同的锥度号,如 BT/JT/ST50 和 BT/JT/ST40 分别代表锥柄大端直径为 69.85mm 和 44.45mm 的 7:24 锥柄。加工中心常用刀柄的类型及其使用场合见表 1-1。

表 1-1 加工中心常用刀柄的类型及其使用场合

刀柄类型	刀柄实物图	夹头或中间模块	夹持刀具	备注及型号举例
削平型工具刀柄		无	直柄立铣刀、球头刀、削平型浅孔钻等	JT40_XP20_70
弹簧夹头刀柄		ER 弹簧夹头	直柄立铣刀、球头刀、中心钻等	BT30_ER20_60
强力夹头刀柄		KM 弹簧夹头	直柄立铣刀、球头刀、中心钻等	BT40_C22_95
面铣刀刀柄		无	各种面铣刀	BT40_XM32_75
三面刃铣刀刀柄		无	三面刃铣刀	BT40_XS32_90

续表

刀柄类型	刀柄实物图	夹头或中间模块	夹持刀具	备注及型号举例
侧固式刀柄		粗、精镗及丝锥夹头等	丝锥及粗、精镗刀	21A.BT40.32_58
莫氏锥度刀柄		莫氏变径套	锥柄钻头、铰刀	有扁尾 ST40_M1_45
		莫氏变径套	锥柄立铣刀和锥柄带内螺纹立铣刀等	无扁尾 ST40_MW2_50
钻夹头刀柄		钻夹头	直柄钻头、铰刀	ST50_Z16_45
丝锥夹头刀柄		无	机用丝锥	ST50_TPG875
整体式刀柄		粗、精镗刀头	整体式粗、精镗刀	BT40_BCA30_160

2. 拉钉

加工中心拉钉（图 1-22）的尺寸也已标准化，ISO 或 GB 规定了 A 型和 B 型两种形式的拉钉，其中 A 型拉钉用于不带钢球的拉紧装置，而 B 型拉钉用于带钢球的拉紧装置。刀柄及拉钉的具体尺寸可查阅有关标准的规定。

3. 弹簧夹头及中间模块

弹簧夹头有两种，即 ER 弹簧夹头（图 1-23a）和 KM 弹簧夹头（图 1-23b）。其中 ER 弹簧夹头的夹紧力较小，适用于切削力较小的场合；KM 弹簧夹头的夹紧力较大，适用于强力铣削。

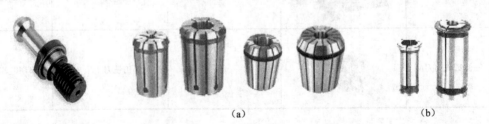

图 1-22 拉钉　　　　　　　　　图 1-23 弹簧夹头

中间模块（图 1-24）是刀柄和刀具之间的中间连接装置，通过中间模块的使用，提高了刀柄的通用性能。例如，镗刀、丝锥与刀柄的连接就经常使用中间模块。

（a）精镗刀中间模块　　　　　（b）攻丝夹套　　　　　（c）钻夹头接柄

图 1-24　中间模块

五、加工中心对刀及对刀装置简介

1．对刀的定义

在加工中心上加工零件，由于工件在机床上的安装位置是任意的，要正确执行加工程序，必须确定工件在机床坐标系中的确切位置。加工中心的对刀就是指用于找出工件坐标系与机床坐标系空间关系的操作过程。简单地说，对刀就是告诉机床工件装在机床工作台的什么地方。

为了保证工件的加工精度要求，对刀位置应尽量选在零件的设计基准或工艺基准上。如以零件上孔的中心点或两条相互垂直的轮廓边的交点作为对刀位置，但对这些对刀位置应提出相应的精度要求，并在对刀以前准备好。

2．对刀器和对刀仪

对刀器（或找正器）是用于测定刀具与工件的相对位置仪器。常用的对刀器具有：对刀量块（芯棒），电子式对刀器（图 1-25b，电子式寻边器），机械式找正器（图 1-25a，机械偏心式寻边器；图 1-25c，机械式 Z 向对刀器）等。

（a）机械偏心式寻边器　　（b）电子式寻边器　　（c）机械式 Z 向对刀器　　（d）机外对刀仪

图 1-25　加工中心常用对刀仪器

对刀仪分机外对刀仪（图 1-25）和机内对刀仪两种。采用机外对刀仪对刀将不占用机床的时间，从而可提高数控车床的利用率，但这种对刀方法必须连同刀具与刀夹一起进行。

六、夹具系统

机床夹具是指安装在机床上，用以装夹工件或引导刀具，使工件和刀具具有正确的相互位置关系的装置。

1．数控机床夹具的组成

数控机床夹具（图 1-26）按其作用和功能通常可由定位元件、夹紧装置、安装连接元件和夹具体等几个部分组成。

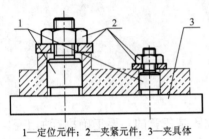

1—定位元件；2—夹紧元件；3—夹具体

图 1-26 数控铣床夹具

定位元件是夹具的主要定位装置之一，其定位精度将直接影响工件的加工精度。常用的定位元件有 V 形块、定位销、定位块等。

夹紧装置的作用是保持工件在夹具中的原定位置，使工件不致因加工时受外力而改变原定位置。

连接元件用于确定夹具在机床上的位置，从而保证工件与机床之间的正确加工位置。夹具体是夹具的基础件，用于连接夹具上各个元件或装置，使之成为一个整体，以保证工件的精度和刚度。

2．数控机床夹具的基本要求

（1）精度和刚度要求

数控机床具有多型面连续加工的特点，所以对数控机床夹具的精度和刚度要求也同样比一般机床要高，这样可以减少工件在夹具上的定位和夹紧误差以及粗加工的变形误差。

（2）定位要求

工件相对夹具一般应完全定位，且工件的基准相对于机床坐标系原点应具有严格的确定位置，以满足刀具相对于工件正确运动的要求。同时，夹具在机床上也应完全定位，夹具上的每个定位面相对于数控机床的坐标系原点均应有精确的坐标尺寸，以满足数控机床简化定位和安装的要求。

（3）敞开性要求

数控机床加工为刀具自动进给加工。夹具及工件应为刀具的快速移动和换刀等快速动作提供较宽敞的运行空间。尤其对于需多次进出工件的多刀、多工序加工，夹具的结构更应尽量简单、开敞，使刀具容易进入，以防刀具运动中与夹具工件系统相碰撞。此外，夹具的敞开性还有利于排屑通畅，清除切屑方便。

（4）快速装夹要求

为适应高效、自动化加工的需要，夹具结构应适应快速装夹的需要，以尽量减少工件装夹辅助时间，提高机床切削运转利用率。

3．机床夹具的分类

机床夹具的种类很多，按其通用化程度可分为以下几类：

（1）通用夹具

数控车床和卡盘、顶尖和数控铣床上的平口钳、分度头等均属于通用夹具。这类夹具已实现了标准化。其特点是通用性强、结构简单，装夹工件时无须调整或稍加调整即可，主要用于单件小批量生产。

(2) 专用夹具

专用夹具是专为某个零件的某道工序设计的。其特点是结构紧凑，操作迅速方便。但这类夹具的设计和制造的工作量大、周期长、投资大，只有在大批量生产中才能充分发挥其经济效益。专用夹具有结构可调式和结构不可调式两种类型。

(3) 成组夹具

成组夹具是随着成组加工技术的发展而产生的。它是根据成组加工工艺，把工件按形状尺寸和工艺的共性分组，针对每组相近工件而专门设计的。其特点是使用对象明确、结构紧凑和调整方便。

(4) 组合夹具

组合夹具是由一套预先制造好的标准元件组装而成的专用夹具。它具有专用夹具的优点，用完后可拆卸存放，从而缩短了生产准备周期，减少了加工成本。因此，组合夹具既适用于单件及中、小批量生产，又适用于大批量生产。

七、单件、小批量工件的装夹与校正（实操部分）

单件、小批量工件通常采用通用夹具进行装夹。

1．平口钳和压板及其装夹与校正

(1) 平口钳与压板

平口钳具有较大的通用性和经济性，适用于尺寸较小的方形工件的装夹。常用精密平口钳如图 1-27 所示，常采用机械螺旋式、气动式或液压式夹紧方式。

图 1-27 平口钳

对于大型工件，无法采用平口钳或其它夹具装夹时，可直接采用压板（图 1-28）进行装夹。加工中心压板通常采用 T 形螺母与螺栓的夹紧方式。

(2) 装夹与校正

采用压板装夹工件时，应使垫铁的高度略高于工件，以保证夹紧效果；压板螺栓应尽量靠近工件，以增大压紧力；压紧力要适中，或在压板与工件表面安装软材料垫片，以防工件变形或工件表面受到损伤；工件不能在工作台面上拖动，以免工作台面划伤。

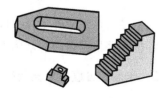

图 1-28 压板、垫铁与 T 形螺母

工件在使用平口钳或压板装夹过程中，应对工件进行找正，找正方法如图 1-29 所示。找正时，将百分表用磁性表座固定（图 1-30）在主轴上，百分表触头接触工件，通过前后或左右移动主轴，调整工件上下平面与工作台面的平行度。同样在侧平面内移动主轴，找正工件侧面与轴进给方向的平行度。如果不平行，则可用铜棒轻敲工件或垫塞尺的办法进行纠正，然后再重新进行找正。

（a）压板装夹与找正示意图

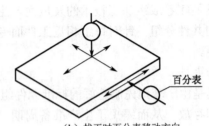
（b）找正时百分表移动方向

图 1-29　压板装夹与找正

采用平口钳装夹工件时，首先要根据工件的切削高度在平口钳内垫上合适的高精度平行垫铁，以保证工件在切削过程中不会受力产生移动；其次要对平口钳钳口进行找正，以保证平口钳的钳口方向与主轴刀具的进给方向平行或垂直。

平口钳钳口的找正方法类似于工件装夹后的找正方法，首先将百分表用磁性表座固定在主轴上，百分表触头接触钳口，沿平行于钳口方向移动主轴（图 1-31），根据百分表读数用铜棒轻敲平口钳进行调整，以保证钳口与主轴移动方向平行或垂直。

图 1-30　百分表和磁性表座

图 1-31　平口钳钳口的找正

（3）长方体类零件工件坐标系的设定

各位教师根据自己的常用方式自行讲解。

2. 卡盘和分度头及其装夹与找正

（1）卡盘和分度头

卡盘根据卡爪的数量分为二爪卡盘、三爪卡盘（图 1-32a）、四爪卡盘（图 1-32b）及六爪卡盘等几种类型。在数控车床和数控铣床上应用较多的是三爪卡盘和四爪卡盘。特别是三爪卡盘，由于其具有自动定心作用和装夹简单的特点，因此，中小型圆柱形工件在数控铣床或数控车床上加工时，常采用三爪卡盘进行装夹。卡盘的夹紧有机械螺旋式、气动式或液压式等多种形式。

许多机械零件，如花键、离合器、齿轮等零件在加工中心上加工时，常采用分度头分度的办法来等分每一个齿槽，从而加工出合格的零件。分度头是数控铣床或普通铣床的主要部件。在机械加工中，常用的分度头有万能分度头（图1-33a）、简单分度头（图1-33b）、直接分度头等，但这些分度头普遍分度精度不是很精密。因此，为了提高分度精度，数控机床上还采用投影光学分度头和数显分度头等对精密零件进行分度。

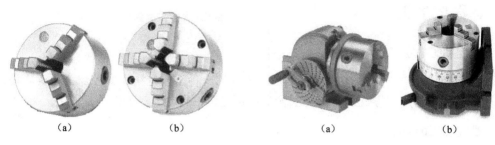

图 1-32　卡盘　　　　　　　　　　　图 1-33　分度头

（2）装夹与校正

在加工中心上使用卡盘时，通常用压板将卡盘压紧在工作台面上，使卡盘轴心线与主轴平行。三爪卡盘装夹圆柱形工件的找正如图1-34所示，将百分表固定在主轴上，触头接触外圆侧母线，上下移动主轴，根据百分表的读数用铜棒轻敲工件进行调整，当主轴上下移动过程中百分表读数不变时，表示工件母线平行于Z轴。

当找正工件外圆圆心时，可手动旋转主轴，根据百分表的读数值在XY平面内手摇移动工件，直至手动旋转主轴时百分表读数值不变，此时，工件中心与主轴轴心同轴，记下此时的机床坐标系的X、Y坐标值，可将该点（圆柱中心）设为工件坐标系X-Y平面的编程零点。内孔中心的找正方法与外圆圆心找正方法相同。

分度头装夹工件（工件横放）的找正方法如图1-35所示，首先，分别在A点和B点处前后移动百分表，调整工件，保证两处百分表的最大读数相等，以找正工件与工作台面的平行度；其次，找正工件侧母线与工件进给方向平行。

 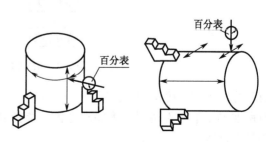

图 1-34　三爪卡盘装夹找正　　　　　　图 1-35　分度头横放工件的找正

项目二 数控加工的工艺分析

任务一 数控加工的工艺内容

一、数控加工

1. 数控加工的定义

数控加工是指在数控机床上进行自动加工零件的一种工艺方法。数控加工的实质是：数控机床按照事先编制好的加工程序，通过数字控制过程，自动地对零件进行加工。

2. 数控加工的内容

一般来说，数控加工流程如图 2-1 所示，主要包括以下几方面的内容。

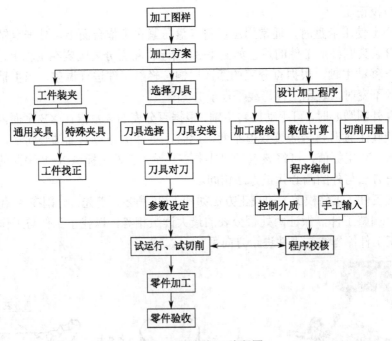

图 2-1 数控加工流程图

（1）分析图样，确定加工方案

对所要加工的零件进行技术要求分析，选择合适的加工方案，再根据加工方案选择合适的数控加工机床。

（2）工件的定位与装夹

根据零件的加工要求，选择合理的定位基准，并根据零件批量、精度及加工成本选择合适的夹具，完成工件的装夹与找正。

（3）刀具的选择与安装

根据零件的加工工艺性与结构工艺性，选择合适的刀具材料与刀具种类，完成刀具的安装与对刀，并将对刀所得参数正确设定在数控系统中。

（4）编制数控加工程序

根据零件的加工要求，对零件进编程，并经初步校验后将这些程序通过控制介质或手动方式输入机床数控系统。

（5）试切削、试运行并校验数控加工程序

对所输入的程序进行试运行，并进行首件的试切削。试切削一方面用来对加工程序进行最后的校验，另一方面用来校验工件的加工精度。

（6）数控加工

当试切的首件经检验合格并确认加工程序正确无误后，便可进入数控加工阶段。

（7）工件的验收与质量误差分析

工件入库前，先进行工件的检验，并通过质量分析，找出误差产生的原因，得出纠正误差的方法。

3．数控加工的特点

数控加工与普通机床加工相比，具有以下几个方面的特点：

（1）零件的加工精度高

数控机床在整体设计中考虑了整机刚度和零件的制造精度，又采用高精度的滚珠丝杠传动副，机床的定位精度和重复定位精度很高。特别是有的数控机床具有过程自动监测和误差补偿功能，从而保证了各项加工精度。

（2）产品质量一致性好

在数控加工过程中，人为操作因素对加工质量影响较小。当加工条件（夹具、装夹、刀具等）不变时，数控机床所加工出的产品一致性程度高。

（3）生产效率高

数控机床在一次装夹中可完成多表面的加工，从而减少了重复装夹过程中的划线、找正及检测等辅助工作时间，从而大大提高了加工效率。

（4）加工范围广

数控机床除适合各种普通直纹表面加工外，还比较适合加工复杂的回转表面和空间曲面。

（5）有利于实现计算机辅助制造

在目前的机械制造业中，计算机辅助设计/制造（CAD/CAM）技术已经被广泛应用，数控机床及其加工技术正是计算机辅助设计/制造技术的基础。

（6）初始投资大，加工成本高

数控机床及机床附件的价格一般是普通机床的若干倍。因此，初期的投资较大；另外，加工首件时，要进行编程、调试程序和试加工，加工时间较长。因此，首件或单件的加工成本较高。但随着加工批量的增加，零件的加工成本将大大降低。

4．数控加工零件的选择

（1）适合类

根据数控加工的特点并综合数控加工的经济效益，数控机床通常比较适宜加工具有以下特点的零件：

① 多品种、小批量生产的零件或新产品试制的零件；
② 轮廓形状复杂，对加工精度要求较高的零件；
③ 用普通机床加工时，需要有昂贵的工艺装备（工具、夹具和模具）的零件；
④ 需要多次改型的零件；
⑤ 价格昂贵，加工中不允许报废的关键零件；
⑥ 需要最短生产周期的急需零件。

（2）不适合类

采用数控机床加工以下几类零件，其生产率和经济性无明显改善，甚至可能得不偿失。因此，此类零件不适宜在数控机床上进行加工。

① 生产批量大的零件（不排除其中个别工序采用数控加工）；
② 装夹困难或完全靠找正定位来保证加工精度的零件；
③ 加工余量极不稳定且数控机床不能依靠在线检测系统自动调整零件坐标位置的零件；
④ 必须用特定的工艺装备协调加工的零件。

二、数控加工的加工工艺

数控加工工艺是数控加工方法和数控加工过程的总称。数控加工工艺的内容和特点归纳如下：

1．数控加工工艺的基本特点

（1）工艺内容明确而具体

数控加工工艺与普通加工工艺相比，在工艺文件的内容上和格式上都有了很大的区别。许多在普通加工工艺中不必考虑而由操作人员在操作过程中灵活掌握并调整的问题（如工序内工步的安排、对刀点、换刀点及加工路线的确定等），在编制数控加工工艺文件时必须详细列出。

（2）工作要求准确而严密

数控机床虽然自动化程度高，但自适应性差，它不能像普通加工时那样可以根据加工过程中出现的问题自由地进行人为的调整。所以，数控加工的工艺文件必须保证加工过程中的每一细节准确无误。

（3）采用先进的工艺装备

为了满足数控加工中高质量、高效率和高柔性的要求，数控加工中广泛采用先进的数控刀具、组合刀具等工艺装备。

（4）采用工序集中

数控加工大多采用工序集中的原则来安排加工工序，从而缩短了生产周期，减少了设备的投入，提高了经济效率。

2. 数控加工工艺分析的主要内容

（1）选择适合在数控机床上加工的零件，确定工序内容。

（2）分析被加工零件的图样，确定加工内容和技术要求。

（3）确定零件的加工方案，制定数控加工工艺路线（如划分工步、安排加工顺序、选取刀/辅具及确定切削用量等）。

（4）加工工序设计（如选取零件的基准、夹具方案的确定、划分工步、选取刀辅具、确定切削用量等）。

（5）数控加工程序的调整。选取对刀点和换刀点，确定刀具补偿，确定加工路线。

（6）分配数控加工中的容差。

（7）处理数控机床上的部分工艺指令。

任务二　数控铣床、加工中心加工工艺分析

一、数控加工对象

1. 数控铣加工对象

数控铣削是机械加工中最常用和最主要的数控加工方法之一，它除了能铣削普通铣床所能铣削的各种零件表面外，还能铣削普通铣床不能铣削的需要 2～5 坐标联动的各种平面轮廓和立体轮廓。根据数控铣床的特点，从铣削加工角度考虑，适合数控铣削的主要加工对象有以下几类：

（1）平面类零件

加工面平行或垂直于水平面，或加工面与水平面的夹角为定角的零件为平面类零件（图 2-2）。该类零件的特点是各个加工面是平面，或可以展开成平面。

平面类零件是数控铣削加工中最简单的一类零件，一般只需用 3 坐标数控铣床的两坐标联动（即两轴半坐标联动）就可以把它们加工出来。

（2）变斜角类零件

加工面与水平面的夹角呈连续变化的零件称为变斜角零件（图 2-3）。

变斜角类零件的变斜角加工面不能展开为平面，但在加工中，加工面与铣刀圆周的瞬时接触为一条线。最好采用 4 坐标、5 坐标数控铣床摆角加工，若没有上述机床，也可采用 3 坐标数控铣床进行两轴半近似加工。

（3）曲面类零件

加工面为空间曲面的零件（如模具、叶片、螺旋桨等）称为曲面类零件（图 2-4）。

曲面类零件不能展开为平面。加工时，铣刀与加工面始终为点接触，一般采用球头刀在 3 轴数控铣床上加工。

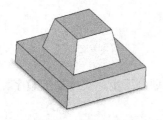 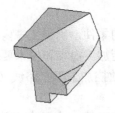 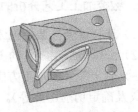

　　　　图 2-2　平面类零件　　　　图 2-3　变斜角类零件　　　　图 2-4　曲面类零件

2．加工中心加工对象

（1）既有平面又有孔系的零件

既有平面又有孔系的零件主要是指箱体类零件和盘、套、板类零件。加工这类零件时，最好采用加工中心在一次安装中完成零件上平面的铣削、孔系的钻削、镗削、铰削、铣削及攻螺纹等多工步加工，以保证该类零件各加工表面间的相互位置精度。

① 箱体类零件：箱体类零件（图 2-5a）一般都要进行多工位孔系及平面加工，精度要求较高，特别是形状精度和位置精度要求较严格。

② 盘、套、板类零件：这类零件（图 2-5b）端面上有平面、曲面和孔系，径向也常分布一些径向孔。

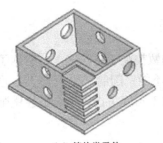 

　　　　（a）箱体类零件　　　　　　　　（b）盘、套类零件

图 2-5　既有平面又有孔系的零件

（2）结构形状复杂、普通机床难加工的零件

结构形状复杂的零件是指其主要表面由复杂曲线、曲面组成的零件。加工这类零件时，通常需要采用加工中心进行多坐标联动加工。常见的典型零件有以下几类：

① 凸轮类：这类零件（图 2-6a）有各种曲线的盘形凸轮、圆柱凸轮、圆锥凸轮和端面凸轮等，加工时，可根据凸轮表面的复杂程度，选用三轴、四轴或五轴联动的加工中心。

② 整体叶轮类：整体叶轮（图 2-6b）除具有一般曲面加工的特点外，还存在许多特殊的加工难点，如通道狭窄，刀具很容易与加工表面和邻近曲面产生干涉。加工这样的型面，可采用四轴以上联动的加工中心。

③ 模具类：采用加工中心加工模具（图 2-6c），由于工序高度集中，动模、静模等关键件的精加工基本上是在一次安装中完成全部机加工内容，尺寸累积误差及修配工作量小。同时模具的可复制性强，互换性好。

(a)凸轮类零件

(b)叶轮类零件

(c)模具类零件

图 2-6 结构形状复杂零件

(3)外形不规则的异形零件

异形零件是指支架（图 2-7）、拨叉类外形不规则的零件，大多要点、线、面多工位混合加工。由于外形不规则，在普通机床上只能采取工序分散的原则加工，需用工装较多，周期较长。利用加工中心多工位点、线、面混合加工的特点，可以完成大部分甚至全部工序内容。

图 2-7 异形零件

(4)其它类零件

加工中心除常用于加工以上特征的零件外，还较适宜加工周期性投产的零件、加工精度要求较高的中小批量零件和新产品试制中的零件等。

二、常用数控加工方法的选择

加工方法的选择原则是保证加工表面的加工精度和表面粗糙度要求。由于获得同一级精度及表面粗糙度的加工方法有多种，因而在实际选择时，要结合零件的形状、尺寸、批量、毛坯材料及毛坯热处理等情况合理选用。此外，还应考虑生产率和经济性的要求以及工厂的生产设备等实际情况。常用加工方法的加工精度及表面粗糙度可查阅相关工艺手册。

1. 孔加工方法的选择

在加工中心上，常用于加工孔的方法有钻孔、扩孔、铰孔、粗/精镗孔及攻丝等。通常情况下，在加工中心上能较方便地加工出 IT7～IT9 级精度的孔，对于这些孔的推荐加工方法见表 2-1。

表 2-1 加工中心上孔的加工方法

孔的精度	有无预孔	孔尺寸				
		0～	12～	20～	30～	60～80
IT9～IT11	无	钻—铰	钻—扩		钻—扩—镗（或铰）	
	有	粗扩—精扩；或粗镗—精镗（余量少可一次性扩孔或镗孔）				
IT8	无	钻—扩—铰	钻—扩—镗（或铰）		钻—扩—粗镗—精镗	
	有	粗镗—半精镗—精镗（或精铰）				
IT7	无	钻—粗铰—精铰	钻—扩—粗铰—精铰；或钻—扩—粗镗—半精镗—精镗			
	有	粗镗—半精镗—精镗（如仍达不到精度还可进一步采用精细镗）				

关于上表的说明如下：

① 在加工直径小于30mm且没有预孔的毛坯孔时，为了保证钻孔加工的定位精度，可选择在钻孔前先将孔口端面铣平或采用打中心孔的加工方法。

② 对于表中的扩孔及粗镗加工，也可采用立铣刀铣孔的加工方法。

③ 在加工螺纹孔时，先加工出螺纹底孔，对于直径在M6下的螺纹，通常不在加工中心上加工；对于直径在M6~M20的螺纹，通常采用攻螺纹的加工方法；而对于直径在M20以上的螺纹，可采用螺纹镗刀镗削加工。

2. 平面类轮廓加工方法的选择

（1）平面轮廓加工

平面轮廓由直线和圆弧或各种曲线构成，这些平面和装夹基准底平面平行或垂直，通常在三坐标铣床采用两轴半的坐标加工（图2-8）。

所谓两轴半联动是指X、Y、Z三轴中任意二轴作联动插补，第三轴作单独周期性进刀的一种联动方式。

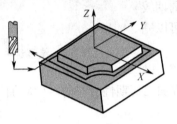

图2-8 平面轮廓加工

（2）固定斜角平面加工

固定斜角平面是指与水平面成一固定夹角的斜面。常用的加工方法有如下几种。

① 当零件尺寸不大时，可用斜垫铁垫平后进行加工（图2-9a）。

② 当机床主轴可以摆动时，可将主轴摆成相应的角度（与固定斜角的角度相关）进行加工（图2-9b）。

③ 当零件批量较大时，可采用专用的角度成形铣刀进行加工（图2-9c）。

④ 当以上加工方法均不能实现时，可采用三坐标加工中心，利用立铣刀、球头铣刀或鼓形铣刀，以直线或圆弧插补形式进行分层铣削加工（图2-9d），并用其它加工方式（如钳加工）清除残留面积。

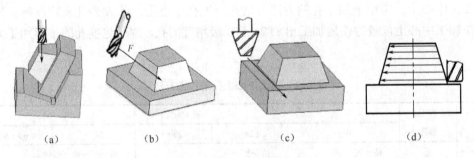

图2-9 固定斜角平面加工

（3）变斜角平面加工

① 对于曲率变化较小的变斜角面，采用主轴可摆动的四轴联动加工中心进行加工。加工时，保证刀具与零件变斜角平面始终贴合。

② 对于曲率变化较大的变斜角面，可采用五轴联动加工中心以圆弧插补方式摆角加工。

③ 采用类似于图 2-9d 所示的分层铣削加工方式。

3. 曲面类轮廓加工方法的选择

（1）规则公式曲面（如球面、椭球面等）数控铣削加工时，多采用球头铣刀，以"行切法"进行两轴半或三轴联动加工（类似于图 2-9d）。编程方法选用手工宏程序编程或自动编程。

（2）不规则曲面数控铣削加工时，通常采用"行切法"或"环切法"（后叙）等多种切削方法进行三轴（或四轴、五轴）联动加工。编程方法宜选用自动编程。

三、零件结构工艺性分析

零件的结构工艺性是指根据加工工艺特点，对零件的设计所产生的要求，也就是说零件的结构设计会影响或决定加工工艺性的好坏。本书仅从数控加工的可行性、方便性及经济性方面加以分析。

1. 零件图样尺寸的正确标注

由于数控加工程序是以准确的坐标点为基础进行编制的。因此，各图形的几何要素的相互关系要明确；各种几何要素的条件要充分，应无引起矛盾的多余尺寸或影响工序安排的封闭尺寸等。

2. 保证基准统一

在数控加工零件图样上，最好以同一基准引注尺寸或直接给出坐标尺寸。这种标注方法既便于编程，也便于尺寸之间的相互协调，在保持设计基准、工艺基准、检测基准与编程原点设置的一致性方面带来了方便。

3. 零件各加工部位的结构工艺性

零件各加工部位的结构工艺性的要求如下：

（1）零件的内腔与外形最好采用统一的几何类型和尺寸，这样可以减少刀具规格种数和换刀次数，从而简化编程并提高生产率。

（2）轮廓最小内圆弧或外轮廓的内凹圆弧的半径 R 限制了刀具的直径。因此，圆弧半径 R 不能取得过小。此外，零件的结构工艺性还与 R/H（零件轮廓面的最大加工高度）的比值有关，当 $R/H>0.2$ 时，零件的结构工艺性较好（图 2-10 外轮廓内凹圆弧），反之则较差（图 2-10 内轮廓圆弧）。

（3）铣削槽底平面时，槽底圆角半径 r（图 2-11）不能过大。圆角半径 r 越大，铣刀端面刃与铣削平面的最大接触直径 $d=D-2r$（D 为铣刀直径）越小，加工平面的能力就越差，效率越差，工艺性也越差。

4. 分析零件的变形情况

对于零件在数控铣加工过程中的变形问题，可在加工前采取适当的热处理工艺（如调质、退火等）来解决，也可采取粗、精加工分开或对称去余量等常规方法来解决。

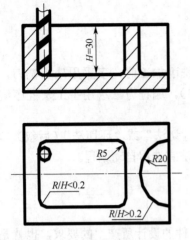 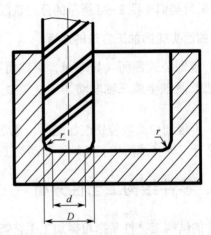

图 2-10 零件结构工艺性　　　　图 2-11 槽底平面圆弧对加工工艺的影响

5. 毛坯结构工艺性

对于毛坯的结构工艺性要求，首先应考虑毛坯的加工余量应充足和尽量均匀；其次应考虑毛坯在加工时定位与装夹的可靠性和方便性，以便在一次安装过程中加工出尽量多的表面。对于不便装夹的毛坯，可考虑在毛坯上另外增加装夹余量或工艺凸台、工艺凸耳等辅助基准。

四、加工中心加工顺序的安排

加工顺序（又称工序）通常包括切削加工工序、热处理工序和辅助工序。本书主要介绍切削加工工序。

1. 加工顺序安排原则

（1）基准面先行原则

用作精基准的表面应优先加工出来，因为定位基准的表面越精确，装夹误差就越小。

（2）先粗后精原则

各个表面的加工顺序按照粗加工→半精加工→精加工→精密加工的顺序依次进行，逐步提高表面的加工精度和减小表面粗糙度。

（3）先主后次原则

零件的主要工作表面、装配基面应先加工，从而能及早发现毛坯中主要表面可能出现的缺陷。次要表面可穿插进行，放在主要加工表面加工到一定程度后、最终精加工之前进行。

（4）先面后孔原则

对箱体、支架类零件，平面轮廓尺寸较大，一般先加工平面，再加工孔和其它尺寸，这样安排加工顺序，一方面用加工过的平面定位，稳定可靠；另一方面在加工过的平面上加工孔，比较容易，并能提高孔的加工精度，特别是钻孔，孔的轴线不易偏斜。

2. 工序的划分

（1）工序的定义

工序是工艺过程的基本单元。它是一个（或一组）工人在一个工作地点，对一个（或同时几个）工件连续完成的那一部分加工过程。划分工序的要点是工人、工件及工作地点三不变并加工连续完成。

（2）工序划分原则

在数控铣床、加工中心上加工的零件，一般按工序集中原则划分工序，划分方法如下。

① 工序集中原则：工序集中原则是指每道工序包括尽可能多的加工内容，从而使工序的总数减少。采用工序集中原则有利于保证加工精度（特别是位置精度）、提高生产效率、缩短生产周期和减少机床数量，但专用设备和工艺装备投资大、调整维修比较麻烦、生产准备周期较长，不利于转产。

② 工序分散原则：工序分散就是将工件的加工分散在较多的工序内进行，每道工序的加工内容很少。采用工序分散原则有利于调整和维修加工设备和工艺装备、选择合理的切削用量且转产容易；但工艺路线较长，所需设备及工人人数多，占地面积大。

（3）工序划分的方法

① 按所用刀具划分：以同一把刀具完成的那一部分工艺过程为一道工序，这种方法适用于工件的待加工表面较多，机床连续工作时间较长，加工程序的编制和检查难度较大等情况。加工中心常用这种方法划分。

以图2-12a所示模具为例，工序1为键铣刀粗、精加工内型腔侧面并粗加工底平面；工序2为球铣精加工底部曲面；工序3为镗刀镗孔加工。

② 按安装次数划分：以1次安装完成的那一部分工艺过程为一道工序。这种方法适用于工件的加工内容不多的工件，加工完成后就能达到待检状态。

以图2-12b所示凸轮为例，工序1为以外形毛坯定位装夹加工孔；工序2为以孔定位加工凸轮外轮廓。

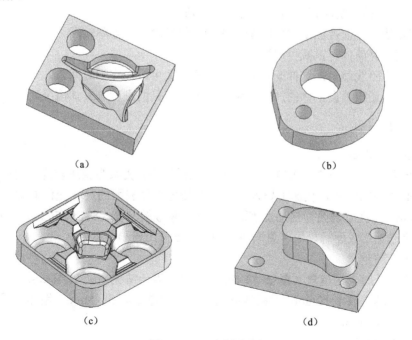

图2-12 工序划分实例

③ 按粗、精加工划分：即粗加工中完成的那部分工艺过程为一道工序，精加工中完成的那一部分工艺过程为一道工序。这种划分方法适用于加工后变形较大，需粗、精加工分开的零件，如毛坯为铸件、焊接件或锻件。

以图 2-12c 所示零件为例，工序 1 为普通机床内外轮廓去余量粗加工；工序 2 为数控机床曲面轮廓精加工。

④ 按加工部位划分：即以完成相同型面的那一部分工艺过程为一道工序，对于加工表面多而复杂的零件，可按其结构特点（如内形、外形、曲面和平面等）划分成多道工序。

3．工步的划分

（1）工步的定义

工步是指在一次装夹中，加工表面、切削刀具和切削用量都不变的情况下所进行的那部分加工。划分工步的要点是工件表面、切削刀具和切削用量三不变。同一工步中可能有几次走刀。

（2）工步划分的方法

通常情况下，可分别按粗、精加工分开、先面后孔的加工方法和切削刀具来划分工步。在划分工步时，要根据零件的结构特点、技术要求等情况综合考虑。

五、加工路线的确定

1．加工路线的确定原则

在数控加工中，刀具刀位点相对于零件运动的轨迹称为加工路线。加工路线的确定与工件的加工精度和表面粗糙度直接相关，其确定原则如下：

① 加工路线应保证被加工零件的精度和表面粗糙度，且效率较高。

② 使数值计算简便，以减少编程工作量。

③ 应使加工路线最短，这样既可减少程序段，又可减少空刀时间。

④ 加工路线还应根据工件的加工余量和机床、刀具的刚度等具体情况确定。

2．孔加工路线

（1）孔加工导入量

孔加工导入量（图 2-13 中 ΔZ）是指在孔加工过程中，刀具自快进转为工进时，刀尖点位置与孔上表面之间的距离。孔加工导入量的具体值由工件表面的尺寸变化量确定，一般情况下取 2～10mm。当孔上表面为已加工表面时，导入量取较小值（约 2～5mm）；当加工螺纹孔或孔上表面为未加工表面时，导入量取较大值（约 5～10mm）。

（2）孔加工超越量

钻加工不通孔时，超越量（图 2-13 中 $\Delta Z'$）大于等于钻尖高度 $Z_p = D\cos\alpha/2 \approx 0.3D$；通孔镗孔时，刀具超越量取 1～3mm；通孔铰孔时，刀具超越量取 3～5mm；钻加工通孔时，超越量等于 $Z_p + (1\sim 3)$ mm。

（3）相互位置精度高的孔系的加工路线

对于位置精度要求较高的孔系加工，特别要注意孔的加工顺序的安排，避免将坐标轴的反向间隙带入，影响位置精度。

如图 2-14 所示孔系加工，如按 A-1-2-3-4-5-6-P 安排加工走刀路线，在加工 5、6 孔时，X 方向的反向间隙会使定位误差增加，而影响 5、6 孔与其它孔的位置精度。而采用 A-1-2-3-P-6-5-4 的走刀路线时，可避免反向间隙的引入，提高 5、6 孔与其它孔的位置精度。

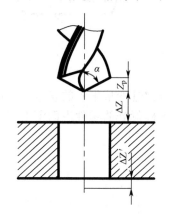

图 2-13 孔加工导入量与超越量

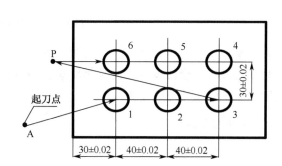

图 2-14 孔系加工路线

3．轮廓铣削加工路线

（1）切入、切出方法选择

采用立铣刀侧刃铣削轮廓类零件时，为减少接刀痕迹，保证零件表面质量，铣刀的切入和切出点应沿零件轮廓曲线的延长线上切向切入和切出（图 2-15 中 A-B-C-B-D）零件表面，而不应沿法向直接切入零件，以避免加工表面产生刀痕，保证零件轮廓光滑。

铣削内轮廓表面时，如果切入和切出无法外延，切入与切出应尽量采用圆弧过渡（图 2-16）。在无法实现时铣刀可沿零件轮廓的法线方向切入和切出，但须将其切入、切出点选在零件轮廓两几何元素的交点处。

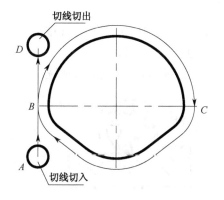

图 2-15 外轮廓切线切入切出

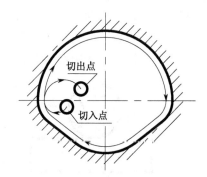

图 2-16 内轮廓切线切入切出

（2）凹槽切削方法选择

加工凹槽切削方法有三种，即行切法（图 2-17a）、环切法（图 2-17b）和先行切最后环切法（图 2-17c）。三种方案中，a 图方案最差；c 图方案最好。

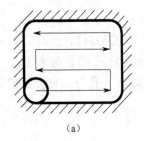 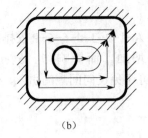 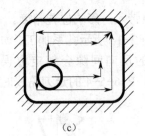

图 2-17 凹槽切削方法

在轮廓加工过程中,在工件、刀具、夹具、机床系统弹性变形平衡的状态下,进给停顿时,切削力减小,会改变系统的平衡状态,刀具会在进给停顿处的零件表面留下刀痕,因此在轮廓加工中应避免进给停顿。

4. 曲面加工路线

常用曲面加工方法有以下几种:
① 两轴半联动行切法加工。
② 三轴联动行切法加工。
③ 多轴(四轴或五轴)联动加工。
曲面采用行切法(图 2-18)加工时,会在工件表面留有较大的残留面积,影响了表面加工质量。

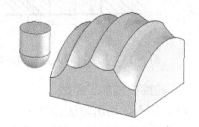

图 2-18 曲面行切法

5. 顺铣与逆铣

根据刀具的旋转方向和工件的进给方向间的相互关系,数控铣削分为顺铣和逆铣两种。

逆铣是指刀具的切削速度方向与工件的移动方向相反(图 2-19a)。采用逆铣可以使加工效率大大提高,但由于逆铣切削力大,导致切削变形增加、刀具磨损加快。因此,一般采用逆铣的加工方法进行粗加工。

顺铣是指刀具的切削方向与工件的移动方向相同(图 2-19b)。顺铣的切削力及切削变形小,但容易产生崩刀现象。因此,一般采用顺铣的加工方法进行精加工。

在刀具正转的情况下,采用左刀补铣削为顺铣,而采用右刀补铣削为逆铣。

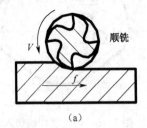 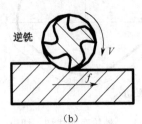

图 2-19 顺铣与逆铣

项目三　数控铣床、加工中心的编程

任务一　数控编程基础

一、机床坐标系

1. 机床坐标系的定义

在数控机床上加工零件，机床的动作是由数控系统发出的指令来控制的。为了确定机床的运动方向和移动距离，就要在机床上建立一个坐标系，这个坐标系就叫机床坐标系，也叫标准坐标系。

2. 机床坐标系中的规定

数控铣床的加工动作主要分刀具的动作和工件的动作两部分，因此，在确定机床坐标系的方向时规定：永远假定刀具相对于静止的工件而运动。

对于机床坐标系的方向，均将增大工件和刀具间距离的方向确定为正方向。

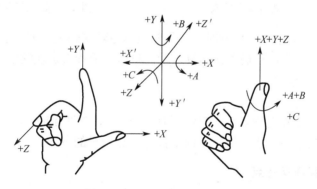

图 3-1　右手笛卡儿坐标系统

数控机床的坐标系采用右手定则的笛卡儿坐标系。如图 3-1 所示，左图中大拇指的方向为 X 轴的正方向，食指指向 Y 轴的正方向，中指指向 Z 轴的正方向。而右图则规定了转动轴 A、B、C 轴的转动正方向。

3. 机床坐标系的方向

（1）Z 坐标方向

Z 坐标的运动由传递切削力的主轴所决定，无论哪种机床，与主轴轴线平行的坐标轴即为 Z 轴。根据坐标系正方向的确定原则，在钻、镗、铣加工中，钻入或镗入工件的方向为 Z 轴的负方向。

(2) X 坐标方向

X 坐标一般为水平方向,它垂直于 Z 轴且平行于工件的装卡。对于立式铣床,Z 方向是垂直的,则有:站在工作台前,从刀具主轴向立柱看,水平向右方向为 X 轴的正方向,如图 3-2 所示。对于 Z 轴是水平的,则有:从主轴向工件看(即从机床背面向工件看),向右方向为 X 轴的正方向,如图 3-3 所示。

(3) Y 坐标方向

Y 坐标垂直于 X、Z 坐标轴,根据右手笛卡儿坐标系来进行判别。

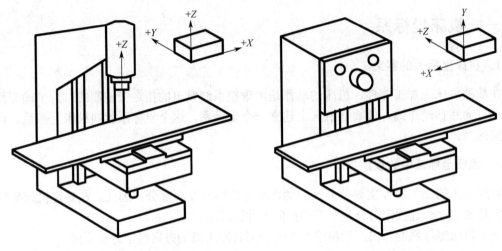

图 3-2　立式升降台铣床　　　　　图 3-3　卧式升降台铣床

由此可见,确定坐标系各坐标轴时,总是先根据主轴来确定 Z 轴,再确定 X 轴,最后确定 Y 轴。此外,对于工件运动而不是刀具运动的机床,编程人员在编程过程中也按照刀具相对于工件的运动来进行编程。

(4) 旋转轴方向

旋转运动 A、B、C 相对应表示其轴线平行于 X、Y、Z 坐标轴的旋转运动。A、B、C 正方向,相应地表示在 X、Y、Z 坐标正方向上按照右旋旋进的方向。

4. 机床原点与机床参考点

(1) 机床原点

机床原点(亦称为机床零点)是机床上设置的一个固定的点,即机床坐标系的原点。它在机床装配、调试时就已调整好,一般情况下不允许用户进行更改,因此它是一个固定的点。

机床原点是数控机床进行加工运动的基准参考点,数控铣床(加工中心)的机床原点一般设在刀具远离工件的极限点处,即坐标正方向的极限点处,并由机械挡块来确定其具体的位置。

(2) 机床参考点

机床参考点是数控机床上一个特殊的位置,通常,第一参考点位于靠近机床零点的位置,并由机械挡块来确定其具体的位置。 机床参考点与机床原点的距离由系统参数设定,其值可以是零,如果其值为零则表示机床参考点和机床零点重合。

二、工件坐标系

1. 工件坐标系

机床坐标系的建立保证了刀具在机床上的正确运动。但是，由于加工程序的编制通常是针对某一工件，根据零件图纸进行的，为了便于尺寸计算、检查，加工程序的坐标原点一般都与零件图纸的尺寸基准相一致。这种针对某一工件，根据零件图纸建立的坐标系称为工件坐标系（亦称编程坐标系）。

2. 工件坐标系原点

工件坐标系原点亦称编程坐标系原点，该点是指工件装夹完成后，选择工件上的某一点作为编程或工件加工的原点。

3. 工件坐标系原点的选择

工件坐标系原点的选择原则如下：
（1）工件坐标系原点应选在零件图的尺寸基准上，以便于坐标值的计算，减少错误。
（2）工件坐标系原点应尽量选在精度较高的工件表面，以提高被加工零件的加工精度。
（3）Z 轴方向上的工件坐标系原点，一般取在工件的上表面。
（4）当工件对称时，一般以工件的对称中心作为 XY 平面的原点，如图 3-4a 所示。
（5）当工件不对称时，一般取工件其中的一个垂直交角处作为工件原点，如图 3-4b 所示。

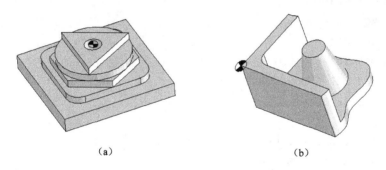

图 3-4 工件坐标系原点的选择

三、数控编程的定义

为了使数控机床能根据零件加工的要求进行动作，必须将这些要求以机床数控系统能识别的指令形式告知数控系统，这种数控系统可以识别的指令称为程序，制作程序的过程称为数控编程。

程序结构举例如下：

```
O0001;
N10 G21 G94;
N20 G91 G28 Z0.0;
N30 M06 T01;
```

```
N40 G90 G54;
N50 G00 X-32.5 Y-50.0;
N60 G43 Z20.0 H01;
N70 M03 S600;
N80 M08;
N90 G01 Z-5.0 F50.0;
N100 G01 X-32.5 Y-43.5 F100.0;
N110 G02 X-43.5 Y-32.5 R11.0;
N120 G01 Y32.5;
N130 G02 X-32.5 Y43.5 R11.0;
N140 G01 X32.5;
N150 G02 X43.5 Y32.5 R11.0;
N160 G01 Y-32.5;
N170 G02 X32.5 Y-43.5 R11.0;
N180 G01 X-32.5;
N190 G01 Y-50.0;
N200 G00 Z50.0;
N210 M05;
N220 M09;
N230 G91 G28 Z0;
N240 M06 T02;
N250 G90 G54;
N260 G00 X0.0 Y0.0;
N270 G43 Z20.0 H02;
N280 M03 S600;
N290 M08;
N300 G01 Z-3.0 F50.0;
N310 G01 X0.0 Y1.5 F100.0;
N320 G03 I0.0 J-1.5;
N330 G00 Z50.0;
N340 M05;
N350 M09;
N360 M30;
```

数控编程的过程不仅指编写数控加工指令的过程，它还包括从零件分析到编写加工指令再到制成控制介质以及程序校核的全过程。

在编程前首先要进行零件的加工工艺分析，确定加工工艺路线、工艺参数、刀具的运动轨迹、位移量、切削参数（切削速度、进给量、背吃刀量）以及各项辅助功能（换刀、主轴正反转、切削液开关等）；接着根据数控机床规定的指令及程序格式编写加工程序单；再把这一程序单中的内容记录在控制介质上（如软磁盘、移动存储器、硬盘），检查正确无误后采用手工输入方式或计算机传输方式输入数控机床的数控装置中，从而指挥机床加工零件。

四、数控编程的步骤

编程步骤如图 3-5 所示,主要有以下几个方面的内容:

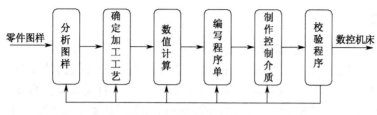

图 3-5 数控编程的步骤

(1) 分析零件图样

零件轮廓分析,零件尺寸精度、形位精度、表面粗糙度、技术要求的分析,零件材料、热处理等要求的分析。

(2) 确定加工工艺

选择加工方案,确定加工路线,选择定位与夹紧方式,选择刀具,选择各项切削参数,选择对刀点、换刀点。

(3) 数值计算

选择编程原点,对零件图形各基点进行正确的数学计算,为编写程序单做好准备。

(4) 编写程序单

根据数控机床规定的指令及程序格式编写加工程序单。

(5) 制作控制介质

简单的数控程序可直接手工输入机床,若希望程序自动输入机床,必须制作控制介质。现在大多数程序采用软盘、移动存储器、硬盘作为存储介质,采用计算机传输来输入机床。目前老式的穿孔纸带已基本停止使用了。

(6) 程序校验

程序必须经过校验,确认无误后才能使用。一般采用机床空运行的方式进行校验,有图形显示卡的机床可直接在 CRT 显示屏上进行校验,现在有很多学校还采用计算机数控模拟进行校验。以上方式只能进行数控程序、机床动作的校验,如果要校验加工精度,则要进行首件试切校验。

五、数控编程的分类

数控编程可分为手工编程和自动编程两种。

1. 手工编程

手工编程是指所有编制加工程序的过程(即图样分析、工艺处理、数值计算、编写程序单、制作控制介质、程序校验)都由手工来完成。

手工编程不需要计算机、编程器、编程软件等辅助设备,只需要有合格的编程人员即可完成。手工编程具有编程快速及时的优点,但其缺点是不能进行复杂曲面的编程。手工编程比较适合批量较大、形状简单、计算方便、轮廓由直线或圆弧组成的零件的加工。对于形状复杂的零件，特别是具有非圆曲线、列表曲线及曲面的零件，采用手工编程则比较困难，最好采用自动编程的方法。

2．自动编程

自动编程是指用计算机编制数控加工程序的过程。

自动编程的优点是效率高，程序正确性好。自动编程由计算机代替人完成复杂的坐标计算和书写程序单的工作，它可以解决许多手工编制无法完成的复杂零件编程难题，但其缺点是必须具备自动编程系统或编程软件。自动编程较适合于形状复杂零件的加工程序编制，如：模具加工、多轴联动加工等场合。

实现自动编程的方法主要有语言式自动编程和图形交互式自动编程两种。前者是通过高级语言的形式，表示出全部加工内容，计算机采用批处理方式，一次性处理、输出加工程序。后者是采用人机对话的处理方式，利用 CAD/CAM 功能生成加工程序。

六、数控代码

（一）模态代码与非模态代码

所谓模态指令（代码）是指某一代码一经指定就一直有效，直至后面程序段中使用了同组的代码才能取代它。而非模态代码只在指定的本程序段中有效。

（二）数控代码种类

表 3-1　常用代码及其含义

功能	代码	含义
程序名	O	程序名代号
程序段号	N	程序段代号
准备功能	G	确定移动方式等准备功能
坐标字	X、Y、Z、A、C	坐标轴移动指令
	R	圆弧半径
	I、J、K	圆弧起点至圆弧圆心的增量
进给功能	F	进给速度
主轴功能	S	主轴转速
刀具功能	T	刀具号
辅助功能	M	冷却液开、关控制等辅助功能
暂停	P、X	暂停时间
子程序号	P	子程序的标定

1. 程序名代码：O

每一个独立的程序都应有程序名，它可作为识别、调用该程序的标志。程序名由程序名地址符和程序编号（数字）构成。

2. 程序段顺序号代码：N

顺序号又称程序段号或程序段序号。顺序号位于程序段之首，由顺序号字 N 和后续数字组成。顺序号字 N 是地址符，后续数字一般为 1~4 位的正整数。数控加工中的顺序号实际上是程序段的名称，与程序执行的先后次序无关。数控系统不是按顺序号的次序来执行程序，而是按照程序段编写时的排列顺序逐段执行的。

顺序号的作用：对程序的校对和检索修改；作为条件转向的目标，即作为转向目的程序段的名称。有顺序号的程序段可以进行复归操作，这是指加工可以从程序的中间开始，或回到程序中断处开始。

一般使用方法：编程时将第一程序段标为 N10，以后以间隔 10 递增的方法设置顺序号，这样，在调试程序时，如果需要在 N10 和 N20 之间插入程序段时，就可以使用 N11、N12 等。

3. 准备功能代码：G

因其地址符规定为 G，故又称为 G 代码，它是建立机床或控制数控系统方式的一种命令。具体指令含义见表 3-2。

表 3-2 FANUC-0I 系统 G 代码一览表

G 代码	组别	功能	程序格式及说明
G00▲	01	快速点定位	G00 IP__;
G01		直线插补	G01 IP__F__;
G02		顺时针圆弧插补	G02 X__Y__R__F__;
G03		逆时针圆弧插补	G02 X__Y__I__J__F__;
G04	00	暂停	G04 X1.5;或 G04P1500;
G05.1		预读处理控制	G05.1Q1;（接通）G05.1Q0;（取消）
G07.1		圆柱插补	G07.1IPr;（有效）G07.1IP0;（取消）
G08		预读处理控制	G08P1;（接通）G08P0;（取消）
G09		准确停止	G09 IP__;
G10		可编程数据输入	G10L50;（参数输入方式）
G11		可编程数据输入取消	G11;
G15▲	17	极坐标取消	G15;
G16		极坐标指令	G16;
G17▲	02	选择 XY 平面	G17;
G18		选择 ZX 平面	G18;
G19		选择 YZ 平面	G19;
G20	06	英寸输入	G20;
G21		毫米输入	G21;
G22▲	04	存储行程检测接通	G22 X__Y__Z__I__J__K__;
G23	04	存储行程检测断开	G23;
G27	00	返回参考点检测	G27 IP__;（IP 为指定的参考点）

续表

G 代码	组别	功　能	程序格式及说明
G28	00	返回参考点	G28 IP__；（IP 为经过的中间点）
G29		从参考点返回	G29 IP__；（IP 为返回目标点）
G30		返回第2、3、4参考点	G30P3IP__；或 G30P4IP__；
G31		跳转功能	G31IP__；
G33	01	螺纹切削	G33 IP__F__；（F 为导程）
G37	00	自动刀具长度测量	G37 IP__；
G39		拐角偏置圆弧插补	G39；或 G39I__J__；
G40▲	07	刀具半径补偿取消	G40；
G41		刀具半径左补偿	G41G01IP__D__；
G42		刀具半径右补偿	G42G01IP__D__；
G40.1▲	18	法线方向控制取消	G40.1；
G41.1		左侧法线方向控制	G41.1；
G42.1		右侧法线方向控制	G42.1；
G43	08	正向刀具长度补偿	G43G01Z__H__；
G44		负向刀具长度补偿	G44G01Z__H__；
G45	00	刀具位置偏置加	G45IP__D__；
G46		刀具位置偏置减	G46IP__D__；
G47		刀具位置偏置加2倍	G47IP__D__；
G48		刀具位置偏置减2倍	G48IP__D__；
G49▲	08	刀具长度补偿取消	G49；
G50▲	11	比例缩放取消	G50；
G51		比例缩放有效	G51IP__P__；或 G51IP__I__J__K__；
G50.1	22	可编程镜像取消	G50.1IP__；
G51.1▲		可编程镜像有效	G51.1IP__；
G52		局部坐标系设定	G52IP__；（IP 以绝对值指定）
G53		选择机床坐标系	G53IP__；
G54▲	14	选择工件坐标系1	G54；
G54.1		选择附加工件坐标系	G54.1Pn；（n：取1~48）
G55		选择工件坐标系2	G55；
G56		选择工件坐标系3	G56；
G57		选择工件坐标系4	G57；
G58		选择工件坐标系5	G58；
G59		选择工件坐标系6	G59；
G60	00/00	单方向定位方式	G60IP__；
G61	15	准确停止方式	G61；
G62		自动拐角倍率	G62；
G63	15	攻丝方式	G63；
G64▲		切削方式	G64；
G65	00	宏程序非模态调用	G65P__L__<自变量指定>；

续表

G 代码	组别	功　能	程序格式及说明
G66	12	宏程序模态调用	G66P__L__<自变量指定>;
G67▲		宏程序模态调用取消	G67;
G68	16	坐标系旋转	G68 IP__R__;
G69▲		坐标系旋转取消	G69;
G73	09	深孔钻循环	G73 X__Y__Z__R__Q__F__;
G74		左螺纹攻丝循环	G74 X__Y__Z__RP__F__;
G76		精镗孔循环	G76 X__Y__Z__R__Q__P__F__;
G80▲		固定循环取消	G80;
G81		钻孔、锪镗孔循环	G81X__Y__Z__R__;
G82		钻孔循环	G82 X__Y__Z__R__P__;
G83		深孔循环	G83 X__Y__Z__R__Q__F__;
G84		攻丝循环	G84 X__Y__Z__R__P__F__;
G85		镗孔循环	G85 X__Y__Z__R__F__;
G86		镗孔循环	G86 X__Y__Z__R__P__F__;
G87		背镗孔循环	G87 X__Y__Z__R__Q__F__;
G88		镗孔循环	G88 X__Y__Z__R__P__F__;
G89		镗孔循环	G89 X__Y__Z__R__P__F__;
G90▲	03	绝对值编程	G90 G01 X__Y__Z__F__;
G91		增量值编程	G91 G01 X__Y__Z__F__;
G92	00	设定工作坐标系	G92 IP__;
G92.1		工作坐标系预置	G92.1 X0 Y0 Z0;
G94▲	05	每分钟进给	mm/min
G95		每转进给	mm/r
G96	13	恒线速度	G96S200;（例：200m/min)
G97▲		每分钟转数	G97S800;（例：800r/min)
G98▲	10	固定循环返回初始点	G98G81X__Y__Z__R__F__;
G99		固定循环返回 R 点	G99G81X__Y__Z__R__F__;

4．辅助功能代码：M

因其地址符规定为 M，故又称为 M 代码，它用来指定数控机床中辅助装置的开关动作或状态。具体指令含义见表 3-3。

表 3-3　M 功能字含义表

M 功能字	含　义
M00	程序停止
M01	计划停止
M02	程序结束
M03	主轴顺时针旋转
M04	主轴逆时针旋转
M05	主轴旋转停止

续表

M 功能字	含 义
M06	换刀
M08	冷却液开
M09	冷却液关
M30	程序结束并返回开始处
M98	调用子程序
M99	子程序结束

5. 进给功能代码：F

因其地址符规定为 F，故又称为 F 代码，它是用于指定进给（切削）速度的功能码。一般由地址 F+后续的数字（0～机床最高切削速度）组成。其速度单位有两种：每分钟进给，单位是 mm/min；每转进给，单位是 mm/rpm。

6. 主轴转速功能代码：S

因其地址符规定为 S，故又称为 S 代码，它是用于指定机床主轴转速的代码。一般由地址 S+后续的数字（0～机床最高转速）。其单位是 rpm/min。

7. 刀具代码

与刀具相关的数控代码有 T、D。T 代码一般在铣镗加工中心里用于指定具体刀具。D 代码一般用于指定刀具补偿。

七、程序格式与结构

1. 加工程序的格式

每一种数控系统，根据系统本身的特点与编程的需要，都规定有一定的程序格式。对于不同的机床，其程序格式也不同。因此，编程人员必须严格按照机床（系统）说明书规定的格式进行编程。但加工程序的基本格式却是相同的。

一个完整的程序由开始部分、内容部分和结束部分组成，如下所示：

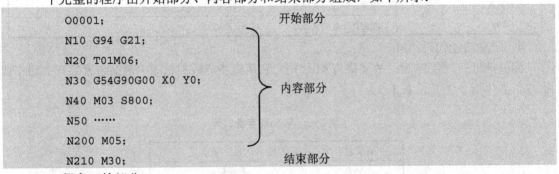

```
O0001;                      开始部分
N10 G94 G21;
N20 T01M06;
N30 G54G90G00 X0 Y0;        内容部分
N40 M03 S800;
N50 ……
N200 M05;
N210 M30;                   结束部分
```

（1）程序开始部分

每一个存储在系统存储器中的程序都需要指定一个程序号以相互区别，这种用于区别零件加工程序的代号称为程序号。因为程序号是加工程序开始部分的识别标记（又称为程序名），所以同一数控系统中的程序号（名）不能重复。

程序号写在程序的最前面，必须单独占一行。

FANUC 系统程序号的书写格式为 O××××，其中 O 为地址符，其后为 4 位数字，数值从 O0000 到 O9999，在书写时其数字前的零可以省略不写，如 O0020 可写成 O20。

SIEMENS 系统中，程序号由任意字母、数字和下画线组成，一般情况下，程序号的前两位多以英文字母开头，如 AA123、BB456 等。

（2）内容部分

内容部分是整个加工程序的核心，它由许多程序段组成，每个程序段由一个或多个指令字构成，它表示数控机床中除程序结束外的全部动作。

（3）结束部分

结束部分由程序结束指令构成，它必须写在程序的最后。

可以作为程序结束标记的 M 指令有 M02 和 M30，它们代表零件加工程序的结束。为了保证最后程序段的正常执行，通常要求 M02/M30 也必须单独占一行。

此外，子程序结束的结束标记因不同的系统而各异，如 FANUC 系统中用 M99 表示子程序结束后返回主程序；而在 SIEMENS 系统中则通常用 M17、M02 或字符"RET"作为子程序的结束标记。

2．程序段的组成

（1）程序段的基本格式

程序段是数控加工程序中的一条语句。一个数控加工程序是若干个程序段组成的。程序段是程序的基本组成部分，每个程序段由若干个地址字构成，而地址字又由表示地址的英文字母、特殊文字和数字构成。如 X30、G41 等。

程序段格式是指在一个程序段中，字、字符、数据的排列、书写方式和顺序。通常情况下，程序段格式有可变程序段格式、使用分隔符的程序段格式、固定程序段格式三种。后面两种程序段格式除在线切割机床加工时，还使用分隔符的"3B"或"4B"指令格式外，其它场合中已很少见到了。所以，本节主要介绍可变程序段格式。可变程序段格式中，在上一程序段中写明的、本程序段里又不变化的那些字仍然有效，可以不再重写。这种功能字称之为续效字或模态指令。

可变程序段格式如下：

N —— G —— X —— Z —— F —— S —— T —— M —— LF

程序段号　准备功能　尺寸字　进给功能　主轴功能　刀具功能　辅助功能　结束标记

【例 3-1】：

```
N50 G01 X30.0 Y30.0 F100.0 S800 M03;
N60 X90.0;
```

第 2 个程序段省略了续效字"G01，Y30.0，F100.0，S800，M03"，但它们的功能仍然有效。

在程序段中，必须明确组成程序段的各要素：

移动目标：终点坐标值 X、Y、Z；

沿怎样的轨迹移动：准备功能字 G；

进给速度：进给功能字 F；

主轴转速：功能字 S；
使用刀具：刀具功能字 T；
机床辅助动作：辅助功能字 M。

（2）程序段号与程序段结束

程序段由程序段号 N×× 开始，以程序段结束标记"CR"（或"LF"）结束，实际使用时，常用符号"；"或"＊"表示"CR"（或"LF"），本书中一律以符号"；"表示程序段结束。

（3）程序的斜杠跳跃

有时，在程序段的前面标有"/"符号，该符号称为斜杠跳跃符号，该程序段称为可跳跃程序段。如下列程序段：

　　/N10 G00 X100.0；

这样的程序段，可以由操作者对程序段和执行情况进行控制。当操作机床并使系统的"跳过程序段"信号生效时，程序在执行中将跳过这些程序段；当"跳过程序段"信号无效时，该程序段照常执行，即与不加"/"符号的程序段相同。

（4）程序段注释

为了方便检查、阅读数控程序，在许多数控系统中允许对程序段进行注释，注释可以作为对操作者的提示显示在荧屏上，但注释对机床动作没有丝毫影响。

八、数控代码

（1）指令分组

所谓指令分组，就是将系统中不能同时执行的指令分为一组，并以编号区别。例如 G00、G01、G02、G03 就属于同组指令，其编号为 01 组。类似的同组指令还有很多，详见 FANUC 指令一览表。

同组指令具有相互取代作用，同一组指令在一个程序段内只能有一个生效。当在同一程序段内出现两个或两个以上的同组指令时，只执行其最后输入的指令，有的机床此时会出现系统报警。对于不同组的指令，在同一程序段内可以进行不同的组合。如下程序段所示：

　　G94 G21；（是规范正确的程序段，所有指令均不同组）
　　G01 G02 X30.0 Y30.0 R30.0 F100.0；（是不规范的程序段，其中 G01 与 G02 是同组指令）

（2）模态指令与非模态指令

模态指令（又称为续效指令）表示该指令在某个程序段中一经指定，在接下来的程序段中将持续有效，直到出现同组的另一个指令时，该指令才失效，如常用的 G00、G01～G03 及 F、S、T 等指令。

模态指令的出现，避免了在程序中出现大量的重复指令，使程序变得清晰明了。同样，若尺寸功能字在前后程序段中出现重复，则该尺寸功能字也可以省略。在如下程序段中，有下画线的指令则可以省略其书写和输入：

　　G01 X20.0 Y20.0 F150.0；
　　<u>G01</u> X30.0 <u>Y20.0</u> <u>F150.0</u>；
　　G02 <u>X30.0</u> Y-20.0 R20.0 F100.0；

可写成：

```
G01 X20.0 Y20.0 F150.0;
    X30.0;
G02 Y-20.0 R20.0 F100.0;
```

仅在编入的程序段内才有效的指令称为非模态指令（或称为非续效指令），如 G 指令中的 G04 指令、M 指令中的 M00 指令等。

对于模态指令与非模态指令的具体规定，因数控系统的不同而各异，编程时请查阅有关系统说明书。

（3）开机默认指令

为了避免编程时出现遗漏，数控系统中对每一组的指令，都选取其中的一个作为开机默认指令，此指令在开机或系统复位时可以自动生效。

常见的开机默认指令有 G01、G17、G21、G94 等。

九、常用 G 代码功能介绍（FANUC 系统）

1. 绝对坐标与增量（相对）坐标（G90、G91）

（1）功能及目的

绝对坐标根据预先设定的编程原点作为参考点进行编程。即采用绝对值编程时，首先要指出编程原点的位置。这种编程方法一般不考虑刀具的当前位置，程序中的终点坐标是相对于原点坐标而言的。大多数数控系统用 G90 来指定绝对坐标编程。

增量值编程是根据前一个位置的坐标值作为参考点进行编程的方法。即程序中的终点坐标是相对于起点坐标而言的。大多数数控系统用 G91 指令来指定增量值编程。

（2）指令格式

```
G90/G91;
```

（3）详细说明

G90、G91 是同组模态代码，在程序段中有续效性，一旦两者中某一方式被指定（例如：G90），此方式将一直有效，直至后续程序段中出现另一方式（如 G91），其功能才会被替代。系统重启后，初始状态是绝对方式还是增量方式由机床内部参数决定，大部分机床采用绝对方式。

（4）程序范例

如图 3-6 所示，刀具当前位置在 A 点，现在分别用 G90、G91 完成刀具从 A→B 的快速进给。

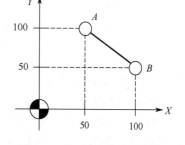

图 3-6 绝对坐标与相对坐标

G90 格式：
```
N1 G90 G00 X100.0 Y50.0;
```
G91 格式：
```
N1 G91 G00 X50.0 Y-50.0;
```

2. 公制尺寸与英制尺寸（G21/G20）

（1）功能及目的

大多数数控系统可通过 G 代码来完成公制尺寸与英制尺寸的切换。英制尺寸的单位是英寸（inch），公制尺寸的单位是毫米（mm）。英制尺寸用 G20 来指定，公制尺寸用 G21 来指定。

（2）指令格式

```
G20/G21
```

此指令可在任一程序段与其它指令同行指定，也可独立指定。

3. 每分钟进给与每转进给（G94/G95）

G94：每分钟进给。单位：毫米/分钟。

G95：每转进给。单位：毫米/转。

4. 工件坐标系设定（G54~G59）

（1）功能及作用

在 FANUC 系统中 G54~G59 可调用第 1 到第 6 个工件坐标系。

（2）指令格式

G54~G59 可在任一程序段与其它指令同行指定，也可独立指定。指令格式如下：

```
G54/G55/G56/…/G59；
```

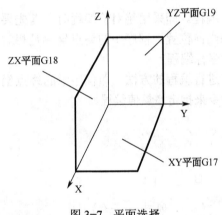

图 3-7 平面选择

5. 坐标平面选择指令（G17、G18、G19）

（1）功能及作用

右手笛卡儿坐标系的三个互相垂直的轴 X、Y、Z，分别构成三个平面（如图 3-7 所示），即 XY 平面、ZX 平面、YZ 平面。在三坐标的铣床或加工中心上，在加工过程中常要指定插补运动在哪个平面中进行。大多数数控系统用 G17 表示在 XY 平面内加工；G18 表示在 ZX 平面内进行加工；G19 表示在 YZ 平面内进行加工。

（2）指令格式

G17、G18、G19 可在任一程序段与其它指令同行指定，也可独立指定。格式如下：

```
G17/G18/G19；
```

（3）详细说明

G17、G18、G19 属于同组模态指令，一旦某一平面被选择，一直到另一平面选择出现之后该指令才失效。平面选择指令一般用于圆弧插补、刀具半径补偿、图形回转、程序坐标回转、固定循环等功能之中。一般情况下，G17 平面（XY 平面）用于外形轮廓铣削，G18（ZX）平面用于车削加工。数控系统重新启动之后，系统默认的平面由相应参数决定，大多数数控系统默认为 G17 平面（XY 平面）。

6. 快速定位（G00）

（1）功能及作用

G00 指令可使刀具以快速移动速度移动到工件坐标系的指定位置。用绝对值方式编程时，只需编制终点坐标值。用增量值方式编程时，编制刀具移动的距离。

（2）指令格式

G00 X__ Y__ Z__

参数说明：X、Y、Z 表示直角坐标中的终点位置。

（3）详细说明

G00 指令中的快速移动的最高速度由机床制造厂对各轴进行单独设定。用户可根据自身情况通过修改相应参数。

（4）实际应用

以直线方式完成如图 3-8 所示从起点至终点的快速定位。程序如下：

绝对方式：

    G90 G00 X-40.0 Y80.0 Z40.0;

增量方式：

    G91 G00 X-80.0 Y100.0 Z20.0;

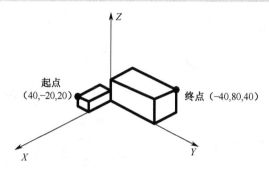

图 3-8　快速定位

7. 直线插补（G01）

（1）功能及作用

直线插补指令（G01）与座标值及速度指令联用，刀具从当前位置起以直线进给方式，运行至坐标值指定的终点位置。运行速度以速度指令（F）指定。指定的速度通常是刀具中心的线速度。

（2）指令格式

G01 X__ Y__ Z__ F__

参数说明：X、Y、Z 为直角坐标中的终点坐标，F 为进给速度。

（3）详细说明

G01 后的坐标值为此程序段的终点坐标。G01 是模态代码，在程序段中有续效性，直至程序中出现同组的其它 G 代码，其作用才被替代。程序的第一个 G01 后必须指定进给速度 F，否则执行自动加工时程序报警。直线插补时的进给速度分为每分钟进给（G94 状态）和每转进给（G95 状态）两种。回转轴的进给速度单位是度/分钟。

（4）实际应用

以直线插补（G01）方式完成如图 3-9 所示的刀具轨迹（P1→P2→P3→P4→P1）。刀具速度为 300mm/min，刀具从起始位置到 P1 点可用快速定位方式。

程序如下：

绝对值方式：

```
…
G90 G94 G1 X20.0 Y20.0 F300.0;
X40.0 Y50.0;
X70.0;
X50.0 Y20.0;
X20.0;
…
```

增量方式：

```
…
G90 G94 G1 X20.0 Y20.0 F300.0;
G91 G1 X20.0 Y30.0;
X30.0 Y0;
X-20.0 Y-30.0;
X-30.0;
…
```

8. 圆弧插补指令（G02/G03）

（1）指令格式

$$G17 \begin{Bmatrix} G02 \\ G03 \end{Bmatrix} X\_\_ Y\_\_ \begin{Bmatrix} R\_\_ \\ I\_\_ J\_\_ \end{Bmatrix} F\_\_;$$

$$G18 \begin{Bmatrix} G02 \\ G03 \end{Bmatrix} X\_\_ Z\_\_ \begin{Bmatrix} R\_\_ \\ I\_\_ K\_\_ \end{Bmatrix} F\_\_;$$

$$G19 \begin{Bmatrix} G02 \\ G03 \end{Bmatrix} Y\_\_ Z\_\_ \begin{Bmatrix} R\_\_ \\ J\_\_ K\_\_ \end{Bmatrix} F\_\_;$$

G02 表示顺时针圆弧插补；
G03 表示逆时针圆弧插补。

X__ Y__ Z__为圆弧的终点坐标值，其值可以是绝对坐标，也可以是增量坐标。在增量方式下，其值为圆弧终点坐标相对于圆弧起点的增量值。

R__为圆弧半径。在 SIEMENS 系统中，圆弧半径用符号"CR="表示。

I__ J__ K__为圆弧的圆心相对其起点，分别在 X、Y 和 Z 坐标轴上的增量值。

（2）指令说明

如图 3-10 所示，圆弧插补的顺逆方向的判断方法是：沿圆弧所在平面（如 XY 平面）的另一根轴（Z 轴）的正方向向负方向看，顺时针方向为顺时针圆弧，逆时针方向为逆时针圆弧。

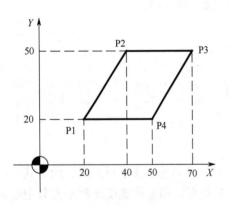

图 3-9 直线插补

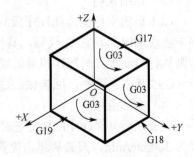

图 3-10 圆弧的顺逆判断

在判断 I、J、K 值时，一定要注意该值为矢量值。如图 3-11 所示圆弧在编程时的 I、J 值均为负值。

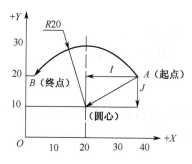

图 3-11 圆弧编程中的 I、K 值

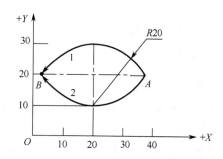

图 3-12 R 及 I、J、K 编程举例

【例 3-2】：图 3-12 所示轨迹 AB，A（37.32，20）、B（2.68，20）。用圆弧指令编写的程序段如下所示：

```
AB₁  G03 X2.68 Y20.0 R20.0;
     G03 X2.68 Y20.0 I-17.32 J-10.0;
AB₂  G02 X2.68 Y20.0 R20.0;
     G02 X2.68 Y20.0 I-17.32 J10.0;
```

圆弧半径 R 有正值与负值之分。当圆弧圆心角小于或等于 180°（如图 3-15 中圆弧 AB₁）时，程序中的 R 用正值表示。当圆弧圆心角大于 180° 并小于 360°（如图 3-15 中圆弧 AB₂）时，R 用负值表示。需要注意的是，圆弧半径 R 不能用于整圆插补的编程，整圆插补需用 I、J、K 方式编程。

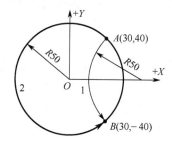

图 3-13 R 值的正负判别

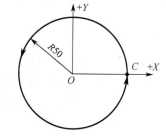

图 3-14 整圆加工实例

【例 3-3】：如图 3-13 中轨迹 AB，用 R 指令格式编写的程序段如下：

```
AB₁  G03 X30.0 Y-40.0 R50.0 F100.0;
AB₂  G03 Y-40.0 R-50.0 F100.0;
```

【例 3-4】：如图 3-14 中以 C 点为起点和终点的整圆加工程序段如下：

```
G03 X50.0 Y0 I-50.0 J0;
```

或简写成：

```
G03 I-50.0;
```

9. 自动返回参考点指令：G28

指令格式：G28 X__ Y__ Z__;

说明：

该指令使刀具以点位方式经中间点快速返回到参考点,中间点的位置由该指令后的 X、Y、Z 坐标所决定。

【例 3-5】：G91G28X0Y0Z0；从当前点直接返回至机床参考点。

【例 3-6】：G91G28Z0；　　从当前点直接返回至机床 Z 轴参考点。

10．刀具长度补偿

刀具长度补偿指令是用来补偿假定的刀具长度与实际的刀具长度之间的差值的指令。系统规定所有轴都可采用刀具长度补偿,但同时规定刀具长度补偿只能加在一个轴上,要对补偿轴进行切换,必须先取消前面轴的刀具长度补偿。

（1）刀具长度补偿指令格式

```
G00G43Z__H__;          （刀具长度补偿"+"）
G00G44Z__H__;          （刀具长度补偿"-"）
G49;                   （取消刀具长度补偿）
```

H__ 为指令偏置存储器的偏置号。在地址 H 所对应的偏置存储器中存入相应的偏置值。执行刀具长度补偿指令时,系统首先根据偏移方向指令将指令要求的移动量与偏置存储器中的偏置值作相应的"+"（G43）或"-"（G44）运算,计算出刀具的实际移动值,然后指令刀具作相应的运动。

（2）指令说明

G43、G44 为模态指令,可以在程序中保持连续有效。G43、G44 的撤销可以使用 G49 指令。

在实际编程中,为避免产生混淆,通常采用 G43 而非 G44 的指令格式进行刀具长度补偿的编程。

（3）编程举例

对于立式加工中心,刀具长度补偿常被辅助用于工件坐标系零点偏置的设定。即用 G54 设定工件坐标系时,仅在 X、Y 方向偏置坐标原点的位置,而 Z 方向不偏置,Z 方向刀位点与工件坐标系 Z0 平面之间的差值全部通过刀具长度补偿值来解决。其对刀操作如图 3-15 所示。

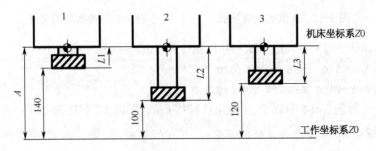

图 3-15　刀具长度补偿的应用

G54 设定工件坐标系时,Z 的偏置值为 0（图 3-16）。安装好刀具,将刀具的刀位点移动到工件坐标系的 Z0 处,将刀位点在该点处显示的机床坐标系的坐标值直接输入相对应的刀具长度偏置存储器（图 3-17）中去。这样，1 号刀具相对应的偏置存储器 H01 中的值为-140.0（采用 G43 编程），H02 中的值应为-100.0，H03 中的值应为-120.0。

```
WORK COORDINATES            O0001 N0000
(G54)
NO.DATA                     NO.DATA
00      X 0.000              02      X 0.000
(EXT)   Y 0.000             (G55)    Y 0.000
        Z 0.000                      Z 0.000

01      X-234.567            03      X 0.000
(G54)   Y-123.456           (G56)    Y 0.000
        Z 0.000                      Z 0.000


[OFFSET] [SETING] [WORO] [    ] [OPRT]
```

图 3-16　G54 工件坐标系参数设定

```
WORK COORDINATES            O0001 N0000
OFFSET
NO.    GEOM (H)  WEAR (H)  GEOM (D)  WEAR (D)
001     -140.0    0.000     0.000     0.000
002     -100.0    0.000     0.000     0.000
003     -120.0    0.000     0.000     0.000
004      0.000    0.000     0.000     0.000
005      0.000    0.000     0.000     0.000
006      0.000    0.000     0.000     0.000
007      0.000    0.000     0.000     0.000
008      0.000    0.000     0.000     0.000


[OFFSET] [SETING] [WORO] [    ] [OPRT]
```

图 3-17　刀具长度补偿参数设定

任务二　不带刀具半径补偿的轮廓加工

一、编程实例

编写如图 3-18 所示零件加工程序，毛坯尺寸如图 3-18 所示。

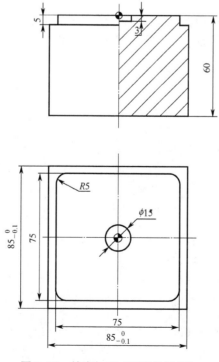

图 3-18　轮廓加工（无半径补偿）

二、相关知识点

1. 刀具选用

本例选用 Φ12 的立铣刀加工外轮廓,选用 Φ12 的键铣刀加工 Φ15 的槽。数控铣床上为了避免换刀也可只选用 Φ12 的键铣刀加工内、外轮廓。

2. 刀具轨迹

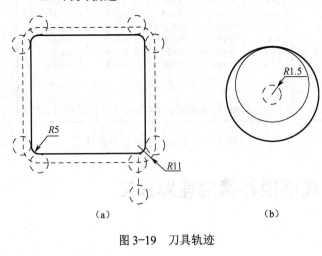

如图 3-19a 所示,在加工外轮廓时,刀具轨迹如虚线所示。无半径补偿编程时,程序中坐标点的位置即实际刀具中心点的位置,编程的轮廓为零件外轮廓基础上偏置一个刀具半径。在 R5 圆角处,圆弧半径也变为:5+刀具半径=11。

如图 3-19b 所示(此图放大了 4 倍),在加工内轮廓时,刀具轨迹如虚线所示。此内轮廓可通过 Φ12 的键铣刀走一个整圆而得,刀具轨迹的圆弧半径为:7.5-刀具半径=1.5。

图 3-19 刀具轨迹

三、程序编写

编写如图 3-18 所示零件加工程序,此程序适用于加工中心。如在数控铣床上,可只选用一把 Φ12 的铣刀。将程序中的加粗斜体程序段删除即可。

```
O0001;
G21G94;
G91 G28 Z0.0 ;
M06 T01;
G90 G54;
G00 X-32.5 Y-50.0;
G43 Z20.0 H01;
M03 S600;
M08;
G01 Z-5.0 F500.0;
X-32.5 Y-43.5 F100.0;
G02 X-43.5 Y-32.5 R11.0;
G01 Y32.5;
G02 X-32.5 Y43.5 R11.0;
G01 X32.5;
G02 X43.5 Y32.5 R11.0;
G01 Y-32.5;
G02 X32.5 Y-43.5 R11.0;
```

```
G01 X-32.5;
Y-50.0;
G00 Z50.0;
M05;
M09;
G91 G28 Z0.0;
M06 T02;
G90 G54 ;
G00 X0.0 Y0.0;
G43 Z20.0 H02;
M03 S600;
M08;
G01 Z-3.0 F50.0;
X0.0 Y1.5 F100.0;
G03 I0.0 J-1.5;
G00 Z50.0;
M05;
M09;
M30;
```

四、练习

完成如图 3-20 所示零件的编程与加工。

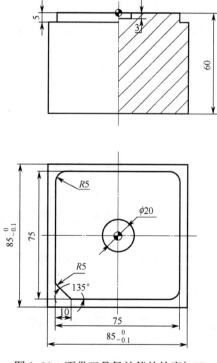

图 3-20 不带刀具径补偿的轮廓加工

任务三 带刀具半径补偿的轮廓加工

一、编程实例

编写如图 3-21 所示零件加工程序。

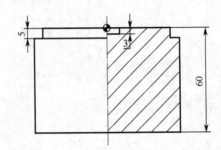

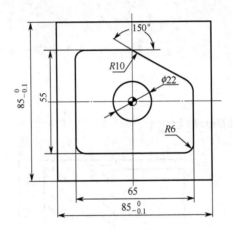

图 3-21 轮廓加工（半径补偿）

二、相关知识

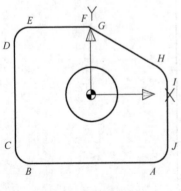

图 3-22 基点坐标

（一）工艺部分

1. 刀具选用

本例外轮廓选用 Φ16 立铣刀，转速 550，进给速度 100，吃刀深度 5；内轮廓选用 Φ12 键铣刀，转速 600，进给速度 100，吃刀深度 3。

2. 基点坐标

如图 3-22 所示，150 度斜线处两圆角的坐标需通过计算或在 CAD 上采用捕捉点功能求得。打开 AutoCAD。单击工具/移动（UCS）/捕捉工件坐标原点，当前坐标系便与工件坐标系重合，如图 3-22 所示。使用捕捉功能依次求得坐标位置如下：A(26.5,-27.5)，B(-26.5,-27.5)，C(-32.5,-21.5)，D(-32.5,21.5)，E(-26.5,27.5)，F(-2.68,27.5)，G(2.321,26.16)，H(27.5,11.623)，I(32.5,2.963)，J(32.5,-21.5)。

（二）刀具半径补偿（G40、G41、G42）

1. 刀具半径补偿定义

在编制轮廓切削加工程序的场合，一般以工件的轮廓尺寸作为刀具轨迹进行编程，而实际的刀具运动轨迹则与工件轮廓有一定的偏移量（即刀具半径），如图3-23所示。数控系统针对此现象的编程功能称为刀具半径补偿功能。通过运用刀具补偿功能来编程，可以实现简化编程的目的。

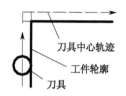

图3-23 刀具半径补偿功能

2. 刀具半径补偿指令

（1）指令格式

```
G41 G01 X__ Y__ F__ D__;     （刀具半径左补偿）
G42 G01 X__ Y__ F__ D__;     （刀具半径右补偿）
```

其中：G41——刀具半径左补偿；
　　　G42——刀具半径右补偿；
　　　D__——用于存放刀具半径补偿值的存储器号。

（2）指令说明

G41与G42的判断方法是：处在补偿平面外另一根轴的正方向，沿刀具的移动方向看，当刀具处在切削轮廓左侧时，称为刀具半径左补偿；当刀具处在切削轮廓的右侧时，称为刀具半径右补偿。如图3-24所示。

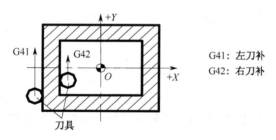

图3-24 刀具半径补偿偏置方向的判别

地址D所对应的偏置存储器中存入的偏置值通常指刀具半径值。和刀具长度补偿一样，刀具刀号与刀具偏置存储器号可以相同，也可以不同，一般情况下，为防止出错，最好采用相同的刀具号与刀具偏置号。

G41、G42为模态指令，可以在程序中保持连续有效。G41、G42的撤销可以使用G40进行。

（3）刀具半径补偿过程

刀具半径补偿的过程如图3-25所示，共分三步，即刀补的建立、刀补的进行和刀补的取消。程序如下：

```
O0010;
……
```

```
N10  G41 G01 X100.0 Y100.0 D01;      刀补建立
N20      Y200.0 F100.0;
N30      X200.0;                      刀补进行
N40      Y100.0 ;
N50      X100.0 ;
N60  G40 X0 Y0;                       刀补取消
......
```

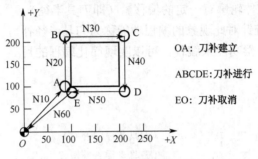

OA：刀补建立
ABCDE：刀补进行
EO：刀补取消

图 3-25 刀具半径补偿过程

① 刀补建立：刀补的建立指刀具从起点接近工件时，刀具中心从与编程轨迹重合过渡到与编程轨迹偏离一个偏置量的过程。该过程的实现必须有 G00 或 G01 功能才有效。

刀具补偿过程通过 N10 程序段建立。当执行 N10 程序段时，机床刀具的坐标位置由以下方法确定：将包含 G41 语句的下边两个程序段（N20、N30）预读，连接在补偿平面内最近两移动语句的终点坐标（图 3-25 中的 AB 连线），其连线的垂直方向为偏置方向，根据 G41 或 G42 来确定偏向哪一边，偏置的大小由偏置号 D01 地址中的数值决定。经补偿后，刀具中心位于图 3-25 中 A 点处，即坐标点[(100-刀具半径),100]处。

② 刀补进行：在 G41 或 G42 程序段后，程序进入补偿模式，此时刀具中心与编程轨迹始终相距一个偏置量，直到刀补取消。

在补偿模式下，数控系统要预读两段程序，找出当前程序段刀位点轨迹与下程序段刀位点轨迹的交点，以确保机床把下一个工件轮廓向外补偿一个偏置量，如图 3-22 中的 B 点、C 点等。

③ 刀补取消：刀具离开工件，刀具中心轨迹过渡到与编程轨迹重合的过程称为刀补取消，如图 3-22 中的 EO 程序段。

刀补的取消用 G40 或 D00 来执行，要特别注意的是，G40 必须与 G41 或 G42 成对使用。

3．刀具半径补偿注意事项

① 半径补偿模式的建立与取消程序段只能在 G00 或 G01 移动指令模式下才有效。当然，现在有部分系统也支持 G02、G03 模式，但为防止出现差错，在半径补偿建立与取消程序段最好不使用 G02、G03 指令。

② 为保证刀补建立与刀补取消时刀具与工件的安全，通常采用 G01 运动方式来建立或取消刀补。如果采用 G00 运动方式来建立或取消刀补，则要采取先建立刀补再下刀和先退刀再取消刀补的编程加工方法。

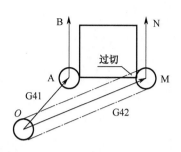

图 3-26 刀补建立时的起始与终点位置

③ 为了便于计算坐标，采用切线切入方式或法线切入方式来建立或取消刀补。对于不便于沿工件轮廓线方向切向或法向切入切出时，可根据情况增加一个圆弧辅助程序段。

④ 为了防止在半径补偿建立与取消过程中刀具产生过切现象（图 3-26 中的 OM），刀具半径补偿建立与取消程序段的起始位置与终点位置最好与补偿方向在同一侧。

⑤ 在刀具补偿模式下，一般不允许存在连续两段以上的非补偿平面内移动指令，否则刀具也会出现过切等危险动作。

非补偿平面移动指令通常指：只有 G、M、S、F、T 代码的程序段（如 G90、M05 等）；程序暂停程序段（如 G04 X10.0 等）；G17（G18、G19）平面内的 Z（Y、X）轴移动指令等。

三、程序编制

编写如图 3-21 所示零件加工程序。

```
O0001;
G21 G94;
G91 G28 Z0.0;
M06 T01;
G90 G54;
G00 X26.5 Y-50.0;
G43 Z20.0 H01;
M03 S700;
M08;
G01 Z-5.0 F500.0;
G41 G01 X26.5 Y-27.5 D01 F100.0;
X-26.5;
G02 X-32.5 Y-21.5 R6.0;
G01 Y21.5;
G02 X-26.5 Y27.5 R6.0;
G01 X-2.68 Y27.5;
G02 X2.321 Y26.16 R10.0;
G01 Y27.5 Y11.623;
G02 X32.5 Y2.963 R10.0;
G01 Y-21.5;
G02 X26.5 Y-27.5 R6.0;
G40 G01 X26.5 Y-50.0;
G00 Z50.0;
M05;
```

```
M09;
G91 G28 Z0.0;
M06 T02;
G90 G54;
G00 X0.0 Y0.0;
G43 Z20.0 H02;
M03 S600;
M08;
G01 Z-3.0 F50;
G41 G01 X0.0 Y11.0 D02 F100.0;
G03 I0.0 J-11.0;
G40 G01 X0.0 Y0.0;
G00 Z50.0;
M05;
M09;
M30;
```

四、练习

编写如图 3-27 所示零件加工程序。

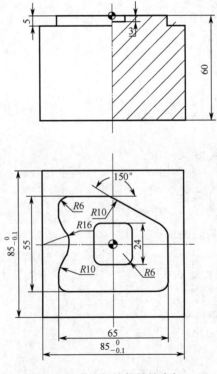

图 3-27 带半径补偿的轮廓加工

项目三 数控铣床、加工中心的编程

任务四 刀具半径补偿的应用

一、编程实例

编写如图 3-28 所示零件加工程序,毛坯尺寸如图 3-28 所示。

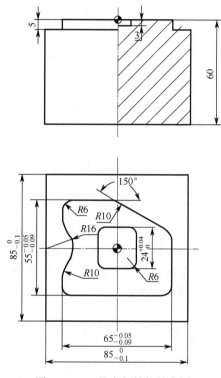

图 3-28 刀具半径补偿的应用

二、相关知识

1. 工艺分析

(1) 刀具选用

本例属于精加工,内、外轮廓均可以选用 Φ12 立铣刀。转速 800r/min,进给速度 50mm/min,吃刀深度尽量保证 Z 向一刀切削完成。

(2) 尺寸控制

本例中精度要求较高的尺寸主要有:$55_{-0.09}^{-0.05}$、$65_{-0.09}^{-0.05}$,$24_{0}^{+0.04}$。对于此三个尺寸精度要求,可通过刀具半径补偿功能来控制。

(3) 基点计算

方向与上一课题相同。如图 3-29 所示。使用捕捉功能依次求得坐标位置如下:
A(26.5,-27.5), B(-26.5,-27.5), C(-32.5,-21.5), D(-32.5,-16.613), E(-30.192,-10.224),
F(-30.192,10.224), G(-32.5,16.613), H(-32.5,21.5), I(-26.5,27.5), J(-2.68,27.5),

K（2.321,26.16），L（27.5,11.623），M（32.5,2.963），N（32.5,−21.5）。

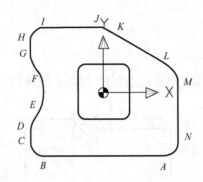

图 3-29　基点计算

2. 刀具半径补偿的应用

刀具半径补偿功能除了使编程人员直接按轮廓编程，简化了编程工作外，在实际加工中还有许多其它方面的应用。

【例 3-7】：采用同一段程序，对零件进行粗、精加工。

如图 3-30a 所示，编程时按实际轮廓 ABCD 编程，在粗加工中时，将偏置量设为 $D=R+\varDelta$，其中 R 为刀具的半径，$\varDelta$ 为精加工余量，这样在粗加工完成后，形成的工件轮廓的加工尺寸要比实际轮廓 ABCD 每边都大 $\varDelta$。在精加工时，将偏置量设为 $D=R$，这样，零件加工完成后，即得到实际加工轮廓 ABCD。同理，当工件加工后，如果测量尺寸比图纸要求尺寸大时，也可用同样的办法进行修整解决。

【例 3-8】：采用同一程序段，加工同一公称直径的凹、凸型面。

如图 3-30b 所示，对于同一公称直径的凹、凸型面，内外轮廓编写成同一程序，在加工外轮廓时，将偏置值设为 $+D$，刀具中心将沿轮廓的外侧切削；当加工内轮廓时，将偏置值设为 $-D$，这时刀具中心将沿轮廓的内侧切削。这种编程与加工方法，在配合件加工中运用较多。在应用这一技巧时，要注意刀具半径值的变化及刀具半径补偿的方向。

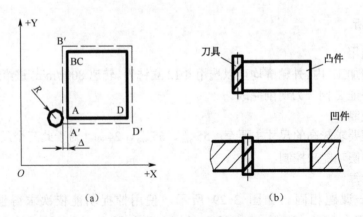

图 3-30　刀具半径补偿的应用

三、程序编写（图 3-28 所示零件）

思考：本例中 D01 存储器中刀具半径设为为 5.96，考虑一下 D02 存储器的刀具半径是多少？为什么？

```
O0001;
G21 GG94;
G91 G28 Z0.0;
M06 T01;
G90 G54;
G00 X26.5 Y-50.0;
G43 Z20.0 H01;
M03 S700;
M08;
G01 Z-5.0 F500.0;
G41 G01 X26.5 Y-27.5 D01 F100.0;
X-26.5;
G02 X-32.5 Y-21.5 R6.0;
G01 X-32.5 Y-16.613;
G02 X-30.192 Y-10.224 R10.0;
G03 X-30.192 Y10.224 R16.0;
G02 X-32.5 Y16.613 R10.0;
G01 Y21.5;
G02 X-26.5 Y27.5 R6.0;
G01 X-2.68 Y27.5;
G02 X2.321 Y26.16 R10.0;
G01 Y27.5 Y11.623;
G02 X32.5 Y2.963 R10.0;
G01 Y-21.5;
G02 X26.5 Y-27.5 R6.0;
G40 G01 X26.5 Y-50.0;
G00 Z50.0;
G00 X0.0 Y0.0;
G01 Z-3.0 F50.0;
G41 G01 X6.0 Y12.0 D02 F100.0;
X-6.0;
G03 X-12.0 Y6.0 R6.0;
G01 Y-6.0;
G03 X-6.0 Y-12.0 R6.0;
```

```
G01 X6.0;
G03 X12.0 Y-6.0 R6.0;
G01 Y6.0;
G03 X6.0 Y12.0 R6.0;
G40 G01 X0.0  Y0.0;
G00 Z50.0;
M05;
M09;
M30;
```

四、练习

完成如图 3-31 所示零件的编程与加工。

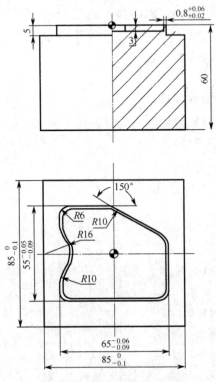

图 3-31　刀具半径补偿的应用

任务五 内、外轮廓加工中残料的清除

一、编程实例

编写如图 3-32 所示零件的加工程序,毛坯尺寸 85×85×52。

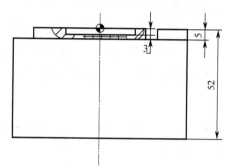

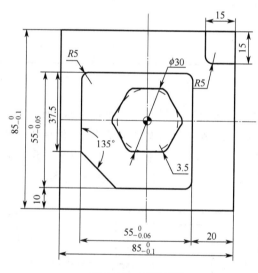

图 3-32 残料清除

二、相关知识

1. 残料清除的方法

在数控铣加工中,大多数时候不能一次走刀把零件的被加工面中所有余量全部清除,一般情况下,按照轮廓轨迹编程加工之后,会在零件的局部留下残料。而针对零件轮廓形状的不同所生成的残料也不相同,因此去除残料的方法也各有不同。

(1)外轮残料清除的方法

1)外形简单,四周无凸台干涉

若轮廓中无内凹部分且四周余量分布较均匀,如图 3-33 所示,可尽量选用大直径刀具一

次去除所有余量。如果所备刀具直径不够一次切削所有余量，也可用通过增大刀具半径存储器中数值的方法分几次切削完成残料清除。

若轮廓中无内凹部分且四周余量分布很不均匀，如图3-34所示，可尽量选用大直径刀具一次或采用相对较小半径的刀具通过改变刀具半径存储器中数值的方法几次切削完成大部分余量。对于局部可能留下的残料（如图3-35所示），可通过一些直线段刀轨去除，相关的坐标点可通过CAD软件捕捉功能获取。

若轮廓中有内凹部分且内凹部分圆弧半径较大时，如图3-36所示，可能这采用较大直径的刀具一次或采用相对较小半径的刀具通过改变刀具半径存储器中数值的方法几次切削完成大部分余量的清除。对于局部可能留下的残料（如图3-37所示），可通过一些直线段刀轨去除。

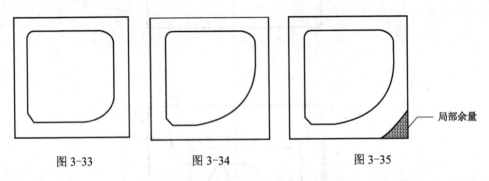

图 3-33　　　　　　图 3-34　　　　　　图 3-35

若轮廓中有内凹且内凹部分圆弧半径较小时，如图3-38所示，当粗加工时，可以忽略此内凹形状并用直线把此处连接（即AB、CD处看成直线）。然后采用较大直径的刀具一次或采用相对较小半径的刀具通过改变刀具半径存储器中数值的方法几次完成大部分余量的清除。之后再用半径小于或等于内凹部分圆弧半径的刀具完成外轮廓的加工。

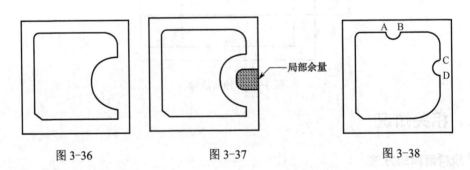

图 3-36　　　　　　图 3-37　　　　　　图 3-38

2）外形较复杂，周边有凸台干涉

此类形状余量清除之前，可先考虑用合适半径刀具（防止过切）加工完成所有轮廓，然后观察所留余量的分布情况，一般可通过在AutoCAD上画出轮廓形状然后偏置一个刀具直径。下面分三情况说明。

① 若只有一、两处凸台。如图3-39所示，可用上面所述（外形简单，四周无凸台干涉）方法去除无干涉处所有余量，然后在干涉处选用较小半径的刀具通过些直线段刀轨去除。

② 若凸台较多但相状相同且分布规律。如图 3-40 所示，用合适的刀具加工完所有轮廓后，所留的残料如阴影部分所示，通过直线段刀轨去除任一小阴影部分（如阴影 A）的程序，然后通过坐标旋转或镜像等功通过直线段刀轨去除其它部分（B、C、D 处）的余量。

③ 若凸台较多且形状各不相同。如图 3-41 所示，用合适的刀具加工完所有轮廓后，所留的残料如阴影部分所示。此类余量一般直接通过直线段刀轨去除，相关坐标可通过 CAD 捕捉点功能获取。

（2）内轮廓的残料清除方法。

内轮廓的残料清除方法与外轮廓思路相似，但是内轮廓清除残料时更要注意刀具的过切情况。

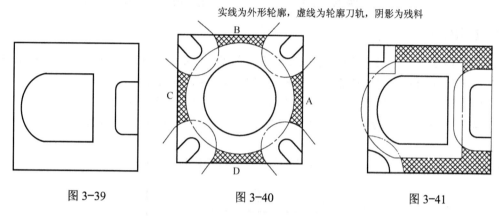

图 3-39　　　　　　　图 3-40　　　　　　　图 3-41

1) 内轮廓形状简单，无凸台干涉

若内轮廓为类似整圆形。加工完轮廓形状之后，可通过一些整圆刀轨完成余量的清除。

若内轮廓为矩形。加工完轮廓之后，可在 CAD 上通过一些偏置矩形框来编写刀轨完成余量的清除。

2) 内轮廓形状复杂，有凸台干涉

加工完所有轮廓形状后，可通过一些直线、圆弧刀轨来完成余量清除，相关坐标点可通过 CAD 捕捉点功能获取。

2. 本例的加工方案

本例外轮廓属于外形较复杂，周边有一处凸台干涉的情况，通过 CAD 软件的标注功能可知，若要加工整个外轮廓，所用刀具半径最大为 11.24mm，为安全起见，此处采用 Φ10mm 刀具进行加工，Φ10mm 刀轨加工完成后，所留余量如图 3-42 所示（阴影部分）。可通过选用直径为 18 或 20 的刀具一次性加工完 A 到 B 处所有余量。程序可与 Φ10mm 刀具相对应位置的程序相同，但刀具半径在原来基础上加 9（考虑一下为什么？）。

内轮廓为整圆形状，用 Φ6mm 加工完轮廓后所留余量如图 3-43 所示（阴影部分），可通过直径为 Φ10mm 的刀具走图中所示的整圆轨迹（较大的那个圆）来完成余量的清除。

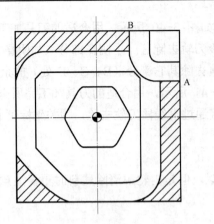 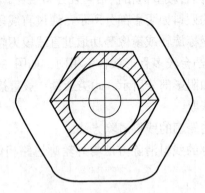

图 3-42 外轮廓余量示意图　　图 3-43 内轮廓例题示意图

3. 基点坐标

A（22.5,17.5），B（22.5,-27.5），C（17.5,-32.5），D（-12.929,-32.5），E（-16.465,-31.035），F（-32.5,-15.0），G（-32.5,17.5），H（-27.5,22.5），I（17.5,22.5）。

J（6.64,15.0），K（9.671,13.25），L（16.31,1.75），M（16.31,-1.75）。

N（42.5,27.5），O（32.5,27.5），P（27.5,32.5），Q（27.5,42.5），R（42.5,42.5）。

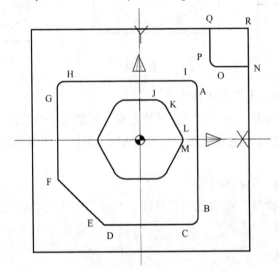

图 3-44 基点坐标

4. 刀具选用

表 3-4 刀具与切削用量参数

刀号	型号	刀具材料	刀径偏移号	工件转速	进给速度
1	Φ18 立铣刀	高速钢	01	500	100
2	Φ10 键铣刀	硬质合金	02	800	100
3	Φ6 键铣刀	硬质合金	03	1000	80

三、程序编写

```
O0001;
G21G94;
G91 G28 Z0.0;
M06 T01;
G90 G54;
G00 X55.0 Y17.5;
G43 Z20.0 H01;
M03 S700;
M08;
G01 Z-5.0 F500.0;
G41 G01 X22.5 Y17.5 D01 F100.0;    此处D01=9+9=18
Y-27.5;
G02 X17.5 Y-32.5 R5.0;
G01 X-12.929 Y-32.5;
G02 X-16.465 Y-31.035 R5.0;
G01 X-32.5 Y-15.0;
Y17.5;
G02 X-27.5 Y22.5 R5.0;
G01 X17.5;
G40 G01 X17.5 Y55.0;
G00 Z50.0;
G91 G28 Z0.0;
M06 T02;
G90 G54;
G00 X50.0 Y17.5;
G43 Z20.0 H02;
M03 S800;
M08;
G01 Z-5.0 F500.0;
G41 G01 X22.5 Y17.5 D02 F100.0;    粗加工时此处D02=5.2  精加工时改为4.98
Y-27.5;
G02 X17.5 Y-32.5 R5.0;
G01 X-12.929 Y-32.5;
G02 X-16.465 Y-31.035 R5.0;
G01 X-32.5 Y-15.0;
Y17.5;
```

```
G02 X-27.5 Y22.5 R5.0;
G01 X17.5;
G02 X22.5 Y17.5 R5.0;
G40 G01 X50.5 Y17.5;
G00 Z50.0;
X0.0 Y0.0;
G01 Z-3.0 F50.0;
Y7.0;
G03 I0.0 J-7.0;
G00 Z50.0;
X50.0 Y20.0;
G01 Z-3.0 F500.0;
G41 G01 X42.5 Y27.5 D02 F100.0;
X32.5;
G02 X27.5 Y32.5 R5.0;
G01 Y42.5;
G40 G01 X10.0 Y42.5;
G00 Z50.0;
G91 G28 Z0.0;
M06 T03;
G90 G54;
G00 X0.0 Y0.0;
G43 Z20.0 H03;
M03 S1000;
M08;
G01 Z-3.0 F50.0;
G41 G01 X9.671 Y13.25 D03;    粗加工时此处D02=3.2  精加工时改为2.98
G03 X6.64 Y15.0 R3.5;
G01 X-6.64;
G03 X-9.671 Y13.25 R3.5;
G01 X-16.31 Y1.75;
G03 Y-1.75 R3.5;
G01 X-9.671 Y-13.25;
G03 X-6.64 Y-15.0 R3.5;
G01 X6.64;
G03 X9.671 Y-13.25 R3.5;
G01 X16.31 Y-1.75;
G03 Y1.75 R3.5;
```

```
G01 X9.671 Y13.25;
G40 G01 X0.0 Y0.0;
G00 Z50.0;
M05;
M09;
M30;
```

注：若在数控铣床上加工此零件，可每一把刀建立一个程序。在加工中心上加工时，为了便于粗、精加工也可将此程序分为三个程序（每把刀具独立使用一个程序）。

四、练习

加工如图 3-45 所示零件加工程序，毛坯尺寸 85×85×46。

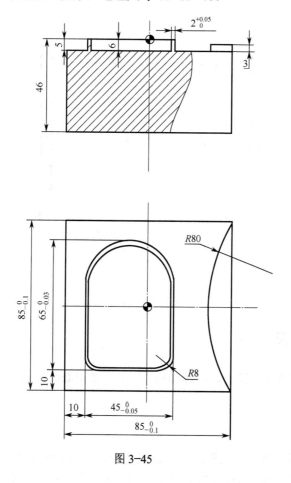

图 3-45

任务六　子程序及其应用

一、编程实例

编写如图 3-46 所示零件的加工程序，零件毛坯 85×85×40。

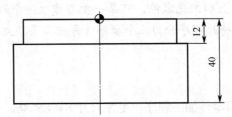

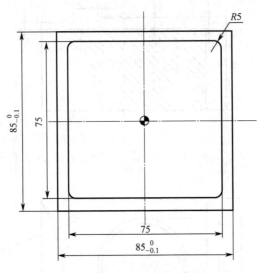

图 3-46　编程实例

二、相关知识

选用 Φ12mm 高速钢立铣刀，转速 700，切削速度 100mm/min，吃刀深度 4mm/层。

（一）子程序

1. 子程序的定义

机床的加工程序可以分为主程序和子程序两种。所谓主程序是一个完整的零件加工程序，或是零件加工程序的主体部分。它和被加工零件或加工要求一一对应，不同的零件或不同的加工要求，都有唯一的主程序。

在编制加工程序中，有时会遇到一组程序段在一个程序中多次出现，或者在几个程序中都要使用它。这个典型的加工程序可以做成固定程序，并单独加以命名，这组程序段就称为子程序。

子程序一般都不可以作为独立的加工程序使用，它只能通过调用，实现加工中的局部动作。子程序执行结束后，能自动返回到调用的程序中。

2．子程序的嵌套

为了进一步简化程序，可以让子程序调用另一个子程序，这一功能称为子程序的嵌套。当主程序调用子程序时，该子程序被认为是一级子程序，系统不同，其子程序的嵌套级数也不相同。一般情况下，在FANUC-0系统中，子程序可以嵌套4级，如图3-47所示。

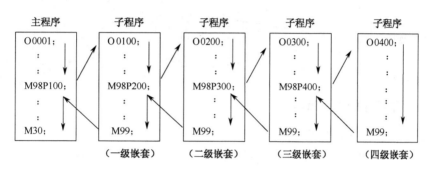

图3-47 子程序调用的嵌套

3．子程序的格式

在大多数数控系统中，子程序和主程序并无本质区别。子程序和主程序在程序号及程序内容方面基本相同，但结束标记不同。主程序用M02或M30表示主程序结束，而子程序则用M99表示子程序结束，并实现自动返回主程序功能。如下所示：

```
O0100;
G91G01Z-2.0;
…
G91G28Z0;
M99;
```

对于子程序结束指令M99，不一定要单独书写一行，如上面程序中最后两行写成G91G28Z0M99；也是允许的。

4．子程序的调用

在FANUC-0系统中，子程序的调用可通过辅助功能代码M98指令进行，且在调用格式中将子程序的程序号地址改为P，其常用的子程序调用格式有两种。

格式　M98P××××L××××；

【例3-9】：
```
M98P100L5；
```

【例3-10】：
```
M98P100；
```

其中地址P后面的四位数字为子程序序号，地址L的数字表示重复调用的次数，子程序号及调用次数前的0可省略不写。如果只调用子程序一次，则地址L及其后的数字可省略。

如例 3-9 表示调用程序号为 O0100 的子程序 5 次，而例 3-10 表示调用子程序 1 次。

子程序的执行过程如下程序所示：

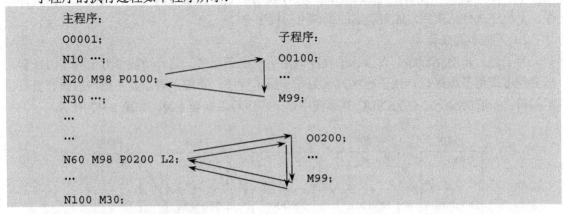

（二）使用子程序的注意事项

1. 注意主、子程序间的模式代码的变换

后文子程序的应用 1 中，子程序的起始行用了 G91 模式，从而避免了重复执行子程序过程中刀具在同一深度进行加工。但需要注意及时进行 G90 与 G91 模式的变换。

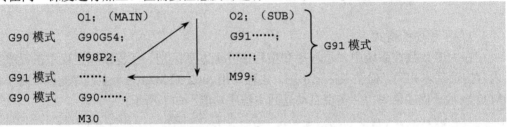

2. 在半径补偿模式中的程序不能被分支

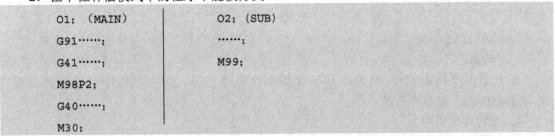

在以上程序中，刀具半径补偿模式在主程序及子程序中被分支执行，在编程过程中应尽量避免编写这种形式的程序。在有些系统中如出现此种刀具半径补偿被分支执行的程序，在程序执行过程中还可能出现系统报警。正确的书写格式如下：

```
O1；（MAIN）        O2；（SUB）
G91……；            G41……；
……；               ……；
M98P2；             G40……；
M30；               M99；
```

(三)子程序的应用 1

实现零件的分层切削。有时零件在某个方向上的总切削深度比较大,要进行分层切削,则编写该轮廓加工的刀具轨迹程序后,通过调用该子程序来实现分层切削。

如图 3-46 所示零件凸台外形轮廓高度为 12mm,显然 Z 方向要分层切削,如果每次背吃刀量为 4mm,在不同的切削层上相同的轮廓程序将执行 3 次。因此只要编写一个子程序,通过调用它 3 次,使其在 3 个不同的切削层执行相同的外轮廓轨迹即可。程序编写如下:

主程序:

```
O0002;
G94 G21;
G91 G28 Z0.0;
M06 T01;
G54 G90;
G00 X0 Y-50.0;
G43 Z10.0 H01;
S600 M03;
M08;
G01 Z0.0 F200;
M98 P20 L3;
G00 Z100.0;
M05;
M09;
M30;
```

子程序:

```
O0020;
G91 G01 Z-4.0 F200;  注释:通过此句调用3个不同切削层
G90 G41 G01 Y-37.5 D01 F100.0;
X-32.5;
G02 X-37.5 Y-32.5 R5.0;
G01 Y32.5;
G02 X-32.5 Y37.5 R5.0;
G01 X32.5;
G02 X37.5 Y32.5 R5.0;
G01 Y-32.5;
G02 X32.5 Y-37.5 R5.0;
G01 X0;
G40 G01 Y-50.0;
M99;
```

（四）子程序的应用 2

在一次装夹中若要完成多个相同轮廓形状工件的加工，则编程时只编写一个轮廓形状加工程序作为子程序，然后用主程序来调用子程序即可。

1．相同轮廓排列规则，且数量较多

如图 3-48 所示（本例只有三个相同轮廓，如有 10 个相同的，只要调用子程序 10 次即可）。可用 G91 方式解决。

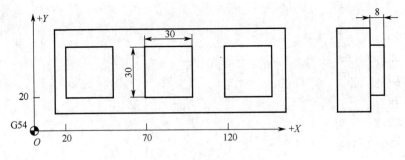

图 3-48　应用实例图 1

主程序：
```
O0001;
G90G94G21G54;
M03S1000;
G00 X0 Y0;
G43Z5.0H01;
G01 Z-8.0 F100.0;
M98P100L3;
G90G00X0Y0;
G49G00Z50;
G91G28Z0;
M05;
M30;
```

子程序：
```
O0100;
G91 G41 X20.0 Y10.0 D01;
Y40.0;
X30.0;
Y-30.0;
X-40.0;
G40 X-10.0 Y-20.0;
Z8.0;
X50.0;
M99;
```

2. 如果相同轮廓排列不规则或数量较少

如图 3-49 所示，可以通过调用不同的工件坐标系的方法实现。图中 1 号坐标系可设定为 G54，2 号坐标系可设定为 G55，3 号坐标系可设定为 G56，4 号坐标系可设定为 G57，5 号坐标系可设定为 G58。只要在相应工件坐标系下编写一个轮廓的子程序，然后在各自工件坐标系下调用该子程序即可，已知图 3-49 中毛坯尺寸为 120×100×30（mm），则工件加工程序可编写如下：

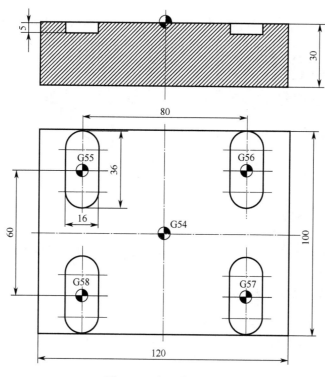

图 3-49　应用实例图 2

（1）用 G54 单一坐标系编程
主程序：
```
O0005;
M06T01;
M03S800;
G54G90;
G00G43Z5.0H01;
M08;
X-40.0Y30.0;
M98P1005;
G90G00X40.0;
M98P1005;
G90G00Y-30.0;
```

```
M98P1005;
G90G00X-40.0;
M98P1005;
G90G49G00Z100.0;
M05 M09;
M30;
```

子程序：
```
O1005;
G91G01Z-10.0F20.0;
G41G01Y-8D01F100.0;
G03X8.0Y8.0R8.0;
G01Y10.0;
G03X-16.0R8.0;
G01Y-20.0;
G03X16.0R8.0;
G01Y10.0;
G03X-8.0Y8.0R8.0;
G01G40Y-8.0;
G00Z10.0;
M99;
```

(2) 采用不同的工作坐标系编程

主程序：
```
O0006;
M06T01;
M03S800;
G54G90G00X0Y0;
G43Z5H01;
M08;
G55;
M98P1006;
G56;
M98P1006;
G57;
M98P1006;
G58;
M98P1006;
G49G00Z100;
M9;
M5;
M30;
```

子程序：

```
O1006;
G90G00X0Y0;
G01Z-5F20.0;
G41Y-8.0D01F100.0;
G03X8.0Y0R8.0;
G01Y10.0;
G03X-8.0R8.0;
G01Y-10.0;
G03X8.0R8.0;
G01Y0;
G03X0Y8.0R8.0;
G01G40Y0;
G00Z5.0;
M99;
```

三、练习

1. 加工如图 3-50 所示零件。

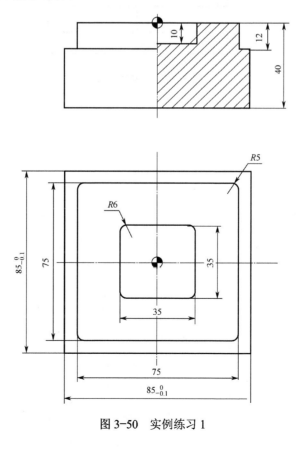

图 3-50 实例练习 1

2. 加工如图 3-51 所示零件。

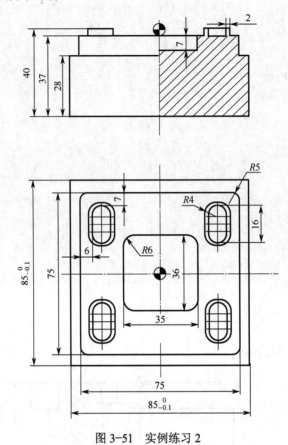

图 3-51 实例练习 2

任务七 孔加工固定循环

一、编程实例

编写如图 3-52 所示两只 Φ12mm 孔的加工程序。

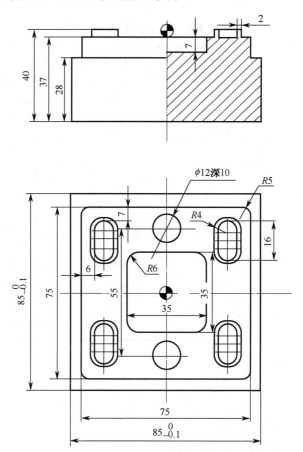

图 3-52 孔加工编程实例

二、相关知识

（一）相关工艺

1. 孔加工方法的选择

在加工中心上，常用于加工孔的方法有钻孔、扩孔、铰孔、粗/精镗孔及攻丝等。

2. 刀具选用

本例中 Φ12mm 的孔为自由公差，因此只需定位—钻孔即可。1 号刀 Φ6mm 中心钻，转速 1000r/min，进给速度 100mm/min；2 号刀 Φ12mm 麻花钻，转速 700r/min，进给速度 80mm/min。

（二）数控代码

1．孔加工固定循环指令表

FANUC-0 系统加工中心配备的固定循环功能主要用于孔加工，包括钻孔、镗孔、攻螺纹等。使用一个程序段可以完成一个孔加工的全部动作（钻孔进给、退刀、孔底暂停等），如果孔的动作无变更，则程序中所有模态数据可以不写，从而达到简化程序、减少编程工作量的目的。固定循环指令如表 3-5 所示：

表 3-5　孔加工固定循环动作一览表

G 代码	加工动作（-Z 方向）	孔底部动作	退刀动作（+Z 方向）	用　途
G73	间歇进给	——	快速进给	高速深孔加工循环
G74	切削进给	暂停、主轴正转	切削进给	左螺纹攻丝循环
G76	切削进给	主轴准停	快速进给	精镗
G80	——			取消固定循环
G81	切削进给	——	快速进给	钻孔
G82	切削进给	暂停	快速进给	钻、镗阶梯孔
G83	间歇进给	——	快速进给	深孔加工循环
G84	切削进给	暂停、主轴反转	切削进给	右螺纹攻丝循环
G85	切削进给	——	切削进给	镗孔
G86	切削进给	主轴停	快速进给	镗孔
G87	切削进给	主轴正转	快速进给	反镗孔
G88	切削进给	暂停、主轴停	手动	镗孔
G89	切削进给	暂停	切削进给	镗孔

2．孔加工固定循环概述

（1）循环动作

孔加工固定循环如图 3-53 所示，通常由以下 6 个动作组成：

动作 1（AB 段）：快速进给到初始平面位；

动作 2（BR 段）：Z 向快速进给到 R 点；

动作 3（RZ 段）：Z 轴切削进给，进行孔加工；

动作 4（Z 点）：孔底部的动作；

动作 5（ZR 段）：Z 轴退刀；

动作 6（RB 段）：Z 轴快速回到起始位置。

（2）基本格式

孔加工循环的通用编程格式如下所示：

```
G73~G89 X_ Y_ Z_ R_ Q_ P_ F_ L_;
```

X__Y__：指定孔在 XY 平面内的定位；

Z__：孔底平面的位置；

R__：R 点平面所在位置；

Q__：当有间隙进给时，刀具每次加工深度；

P__：指定刀具在孔底的暂停时间，数字不加小数点，以 ms 作为时间单位；

F__：孔加工切削进给时的进给速度；

L__：指定孔加工循环的次数。

以上为孔加工循环的通用格式，实际上并不是每一种孔加工循环的编程都要用到以上格式的所有代码。

以上格式中，除 L 代码外，其它所有代码都是模态代码，只有在循环取消时才被清除，因此这些指令一经指定，在后面的重复加工中不必重新指定。

取消孔加工循环采用代码 G80。另外，如在孔加工循环中出现 G00，G01，G02，G03 代码，则孔加工方式也会自动取消。

（3）孔加工固定循环的平面

① 初始平面：初始平面是为安全下刀而规定的一个平面。初始平面可以设定在任意一个安全高度上。当使用同一把刀具加工多个孔时，刀具在初始平面内的任意移动将不会与夹具、工件凸台等发生干涉。

② R 点平面：R 点平面又叫 R 参考平面。这个平面是刀具下刀时，自快进转为工进的高度平面，距工件表面的距离主要考虑工件表面的尺寸变化，一般情况下取 2～5mm（图 3-54）。

③ 孔底平面：加工不通孔时，孔底平面就是孔底的 Z 轴高度。而加工通孔时，除要考虑孔底平面的位置外，还要考虑刀具的超越量（如图 3-54 中 Z 点），以保证所有孔深都加工到尺寸。

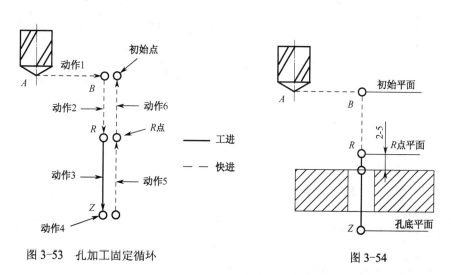

图 3-53 孔加工固定循环　　　　　　　　图 3-54

（4）刀具从孔底的返回方式

当刀具加工到孔底平面后，刀具从孔底平面以两种方式返回，即返回到 R 点平面和返回到初始平面，分别用指令 G98 与 G99 来实现。

① G98 方式：G98 表示返回到初始平面，如图 3-55 所示。一般采用固定循环加工孔系时不用返回到初始平面，只有在全部孔加工完成后或孔之间存在凸台或夹具等干涉件时，才回到初始平面。G98 编程格式如下：

```
G98 G81 X_Y_Z_R_F_L_;
```

② G99 方式：G99 表示返回到 R 点平面，如图 3-55 所示。在没有凸台等干涉情况下，加工孔系时，为了节省孔系的加工时间，刀具一般返回到 R 点平面。G99 编程格式如下：

```
G99 G82 X_Y_Z_R_P_F_L_;
```

（5）固定循环中的绝对坐标与增量坐标

固定循环中 R 值与 Z 值数据的指定与 G90 与 G91 的方式选择有关。而 Q 值与 G90 与 G91 方式无关。

① G90 方式：G90 方式中，R 值与 Z 值是指相对于工件坐标系的 Z 向坐标值，如图 3-55 所示，此时 R 一般为正值，而 Z 一般为负值。如下例所示：

```
G90G99G83 X__Y__Z-20.0R5.0Q5.0F__L__;
```

② G91 方式：G91 方式中，R 值是指从初始点到 R 点矢量值。而 Z 值是指从 R 点到孔底平面的矢量值。如图 3-56 所示，R 值与 Z 值（G87 例外）均为负值。如下例所示：

```
G91G99G83 X__Y__Z-20.0R-30.0Q5.0F__L__;
```

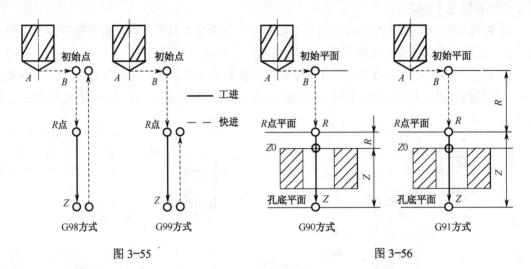

图 3-55　　　　　　　　　　　　　图 3-56

3. 固定循环指令

（1）钻孔（G81）与锪孔（G82）循环

① 指令格式

```
G81 X_Y_Z_R_F_;
G82 X_Y_Z_R_P_F_;
```

② 孔加工动作如图 3-57 所示，说明如下：

G81 指令用于正常的钻孔，切削进给执行到孔底，然后刀具从孔底快速移动退回。

G82 动作类似于 G81，只是在孔底增加了进给后的暂停动作。因此，在盲孔加工中，提高了孔底表面粗糙度。该指令常用于锪孔或阶台孔的加工。

③ 程序范例：加工如图 3-58 所示孔，试用 G81 或 G82 指令及 G90 方式进行编程。

```
O0002;
N010  G90G94G40G80G21G54;                    （程序初始化）
```

```
N020    G91G28Z0;
N030    G90G00X-25.0Y0;              （G17平面快速定位）
N040    G43Z50.0H01;                 （Z向快速定位到初始平面）
N050    M03S600;                     （主轴正转）
N060    G90G99G81X25.0Z-22.887R50.0F60.0;  （加工最左边的孔）
N070    X0.0;                        （加工当中的孔）
N080    X25.0;                       （加工右边的孔）
N070    G90G49G00Z50.0;              （取消刀长补偿，用G00取消循环）
N080    G91G28Z0;
N090    M05;
N100    M30;
```

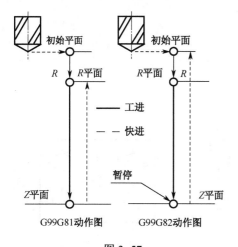

图 3-57

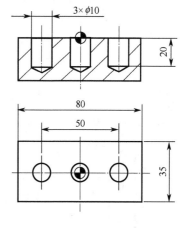

图 3-58

（2）深孔钻（G83、G73）循环

G73 和 G83 一般用于较深孔的加工，又称为啄式孔加工指令。

① 指令格式

```
G73 X Y Z R Q F ;
G83 X Y Z R Q F ;
```

② 孔加工动作如图 3-59 所示，说明如下：

G73 指令通过 Z 轴方向的啄式进给可以较容易地实现断屑与排屑。指令中的 Q 值是指每一次的加工深度（均为正值）。d 值由机床系统指定，无须用户指定。

G83 指令同样通过 Z 轴方向的啄式进给来实现断屑与排屑的目的。但与 G73 指令不同的是，刀具间隙进给后快速回退到 R 点，再快速进给到 Z 向距上次切削孔底平面 d 处，从该点处，快进变成工进，工进距离为 Q+d。此种方式多用于加工深孔。

③ 程序范例：加工如图 3-60 所示孔，试用 G73 或 G83 指令及 G90 方式进行编程。

```
O0001;
G90G94G21G54;
G91G28Z0;
```

```
M06T02;
G90G00X0Y0;
G43Z50.0H02;
M03S600;
M08;
G99G73X-25.0Y-10.0Z-25.0R3.0Q5.0F60.0;
X25.0;
Y10.0;
X-25.0;
G80X0Y0;
G00Z50.0;
G91G28Z0;
M05;
M09;
M30;
```

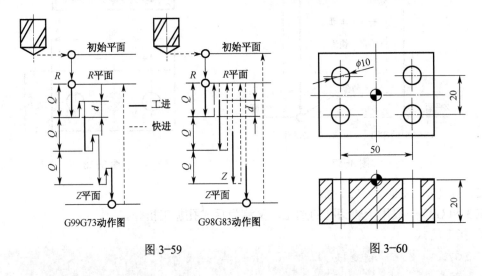

图 3-59　　　　　　　　　　图 3-60

(3) 左螺纹攻丝（G74）与右螺纹攻丝（G84）循环

① 指令格式

```
G84 X_Y_Z_R_P_F_;
G74 X_Y_Z_R_P_F_;
```

② 指令动作说明如图 3-61 所示，说明如下：

G74 循环为左旋螺纹攻丝循环，用于加工左旋螺纹。执行该循环时，主轴反转，在 G17 平面快速定位后快速移动到 R 点，执行攻丝到达孔底后，主轴正转退回到 R 点，完成攻丝动作。

G84 动作与 G74 基本类似，只是 G84 用于加工右旋螺纹。执行该循环时，主轴正转，在 G17 平面快速定位后快速移动到 R 点，执行攻丝到达孔底后，主轴反转退回到 R 点，完成攻丝动作。

攻丝时进给量 F 的指定根据不同的进给模式指定。当采用 G94 模式时，进给量 F=导程×转速。当采用 G95 模式时，进给量 F=导程。

在指定 G74 前，应先使主轴反转。另外，在 G74 与 G84 攻丝期间，进给倍率、进给保持均被忽略。

③ 程序范例：试用攻丝循环编写图 3-62 中两螺纹孔的加工程序（左孔为右旋螺纹，右孔为左旋螺纹）。

```
O0004;
...
N050  G95G90G00X0Y0;
N060  G99G84X-25.0Y0Z-15.0 R3.0 F1.75;
N065  M04S100;
N070  G98G74X25.0Y0Z-15.0 R3.0 F1.75;
N080  G80G94G91G28Z0;
N090  M05;
N100  M30;
```

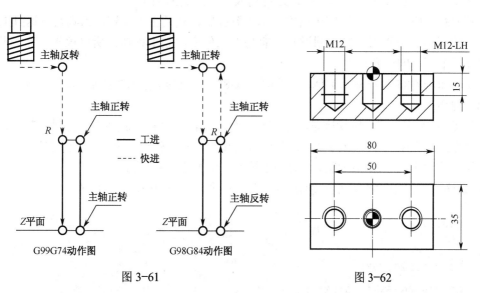

图 3-61   图 3-62

（4）粗镗孔循环Ⅰ（G85、G86、G88、G89）

常用的粗镗孔循环有 G85、G86、G88、G89 四种，其指令格式与孔加工动作基本相同。

① 指令格式

```
G85 X__Y__Z__R__F__；
G86 X__Y__Z__R__P__F__；
G88 X__Y__Z__R__P__F__；
G89 X__Y__Z__R__P__F__；
```

② 孔加工动作如图 3-63 所示：

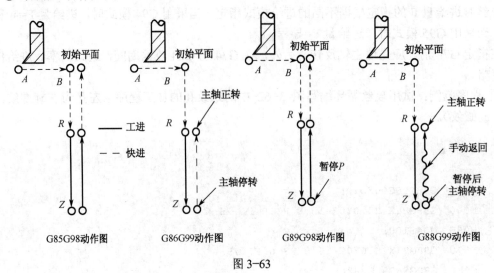

图 3-63

执行 G85 循环，刀具以切削进给方式加工到孔底，然后以切削进给方式返回到 R 平面。因此该指令除可用于较精密的镗孔外，还可用铰孔、扩孔的加工。

执行 G86 循环，刀具以切削进给方式加工到孔底，然后主轴停转，刀具快速退到 R 点平面后，主轴正转。由于刀具在退回过程中容易在工件表面划出条痕，所以该指令常用于精度或粗糙度要求不高的镗孔加工。

G89 动作与 G85 动作基本类似，不同的是 G89 动作在孔底增加了暂停，因此该指令常用于阶梯孔的加工。

执行 G88 循环，刀具以切削进给方式加工到孔底，刀具在孔底暂停后主轴停转，这时可通过手动方式从孔中安全退出刀具，再开始自动加工，Z 轴快速返回 R 点或初始平面，主轴恢复正转。此种方式虽能相应提高孔的加工精度，但加工效率较低。

③ 程序范例：粗镗孔加工指令编写如图 3-64 所示两 Φ30 孔的加工程序。

```
O0003;
...
N030 G90G00X0Y0;
N060 G98G85X-60.0Y0Z-100.0 R-27.0
F60.0;    （通孔用 G85）
N070 G98G89X-60.0Y0Z-60.0 R-27.0
P1000F60.0;  （台阶孔用 G89）
N075 G80;
N080 G91G28Z0;
N090 M05;
N100 M30;
```

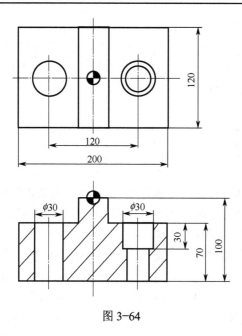

图 3-64

三、程序编写

编写如图 3-62 所示两只 Φ12mm 孔的加工程序:

```
O0001;
G90 G94 G21 G54;
G91 G28 Z0;
M06 T01;
G90 G00 X0.0 Y27.5;
G43 Z50.0 H01;
M03 S1000;
M08;
G98 G81 X0.0 Y27.5 Z-6.0 R5.0 F100.0;
Y-27.5;
G80 X0Y0;
G00 Z50.0;
G91 G28 Z0.0;
M06 T02;
G90 G00 X0.0 Y27.5;
G43 Z50.0 H02;
M03 S700;
M08;
G98 G81 X0.0 Y27.5 Z-13.0 R5.0 F60.0;
Y-27.5;
G80 X0Y0;
```

```
M05;
M09;
M30;
```

(5) 精镗孔循环（G87、G76）

① 指令格式：

```
G76 X_ Y_ Z_ R_ Q_ P_ F_ ;
G87 X_ Y_ Z_ R_ Q_ F_ ;
```

② 动作如图 3-65 所示。

G76 指令主要用于精密镗孔加工。执行 G76 循环，刀具以切削进给方式加工到孔底，实现主轴准停，刀具向刀尖相反方向移动 Q，使刀具脱离工件表面，保证刀具不擦伤工件表面，然后快速退刀至 R 平面或初始平面，刀具正转。

执行 G87 循环，刀具在 G17 平面内定位后，主轴定向停止，刀具向刀尖相反方向偏移 Q，然后快速移动到孔底（R 点），在这个位置刀具按原偏移量反向移动相同的 Q 值，主轴正转并以切削进给方式加工到 Z 平面，主轴再次定向停止，并沿刀尖相反方向偏移 Q，快速提刀至初始平面并按原偏移量返回到 G17 平面的定位点，主轴开始正转，循环结束。由于 G87 循环刀尖无须在孔中经工件表面退出，故加工表面质量较好，所以本循环常用于精密孔的镗削加工。该循环不能用 G99 进行编程。

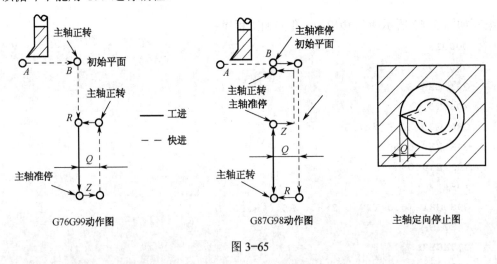

图 3-65

③ 程序范例：试用精镗孔循环编写如图 3-64 中两 Φ30 孔的加工程序。

```
O0004;
...
N030    G90G00X0Y0;
N060    G98G87X-60.0Y0Z-25.0 R-105.0 Q1000F60.0;        （通孔用 G87）
N070    G98G76X60.0Y0Z-60.0 R-27.0 Q1000 P1000F60.0;    （台阶孔用 G76）
N080    G80G91G28Z0;
N090    M05;
N100    M30;
```

任务八 坐标系旋转功能

一、坐标系旋转功能：G68、G69

该指令可使编程图形按照指定中心及方向旋转一定的角度，G68 表示开始坐标系旋转，G69 用于撤销旋转功能。

1．基本编程方法

编程格式：

```
G68 X__Y__R__;
...
G69
```

式中：

X、Y——旋转中心的坐标值（可以是 X、Y、Z 中的任意两个，它们由当前平面选择指令 G17、G18、G19 中的一个确定）。当 X、Y 省略时，G68 指令认为当前的位置即为旋转中心。

R——旋转角度，逆时针旋转定义为正方向，顺时针旋转定义为负方向。

【例 3-11】：完成图 3-66 所示工件的程序编制。已知毛坯尺寸 120×80×20×20（mm）。

本例可看成是图 3-67a 所示的图形在 XY 平面内偏移（图 3-67b）、旋转（图 3-67c）后的结果。

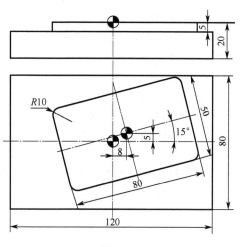

图 3-66

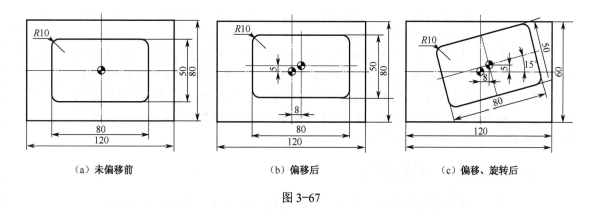

(a) 未偏移前   (b) 偏移后   (c) 偏移、旋转后

图 3-67

程序编写如下：

```
O0009;
G21G94;
```

```
M06T01;
G90G54G00X8.0Y5.0;
G43Z5.0H01;
M03S600;
M08;
G68X8.0Y5.0R15.0;
G90Y50.0;
G01Z-5.0F30.0;
G91G41X-10.0Y-10.0D01F100.0;
G03X10.0Y-10.0R10.0;
G01X30.0;
G02X10.0Y-10.0R10.0;
G01Y-30.0;
G02X-10.0Y-10.0R10.0;
G01X-60.0;
G02X-10.0Y10.0R10.0;
G01Y30.0;
G02X10.0Y10.0R10.0;
G01X30.0;
G03X10.0Y10.0R10.0;
G01G40X-10.0Y10.0;
G69;
G90G00G49Z200.0;
M05;
M09;
M30;
```

2．坐标系旋转编程说明

① 在坐标系旋转取消指令（G69）以后的第一个移动指令必须使用绝对方式指定。如果采用增量方式指定，将会导致错误的移动。

② 如果旋转中心为工作坐标系原点，则旋转后 XY 平面内的编程仍采用绝对方式指定；如果旋转中心不在工作坐标系原点，则旋转后 XY 平面内的编程可以采用绝对方式指定也可以采用增量方式指定。G68 程序段后的第一个程序段在绝对方式下时，即以 G68 X__Y__ 中的 X__Y__ 点为旋转中心；如果这一程序段为增量方式移动指令，那么系统将以当前位置为旋转中心，按 G68 给定的角度旋转坐标系。

二、加工中心编程实例

编写如图 3-68 所示工件的加工程序，已知毛坯尺寸为 100×100×30（mm）。

1．工艺分析

图 3-68 所示工件由一个圆柱形凸台和四个半腰圆形凸台组成。其中圆柱形凸台可通过整

圆刀轨加工而成；四个半腰圆形凸台可只编写其中某一个凸台的加工程序作为子程序，然后通过坐标旋转指令和子程序的调用来完成另外三个凸台的加工。

如图 3-69 所示，腰圆形凸台与圆柱形凸台之间的最小间距为 17.7mm，为防止过切，最大可选直径 16 mm 的立铣刀加工。

通过 CAD 偏置功能，可得直径 16 mm 的立铣刀加工腰圆形凸台和圆柱形凸台所留的残料如图 3-69 阴影部分所示（其中虚线为刀具轨迹）。

而所留残料分布比较有规律，可只编写其中某一个阴影部分的加工程序作为子程序，然后通过坐标旋转指令和子程序的调用来完成另外三处残料的加工。

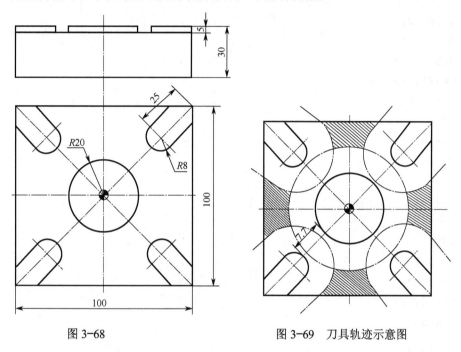

图 3-68   图 3-69 刀具轨迹示意图

正下方残料的坐标点如图 3-70 所示，刀具可通过 A、B、C、D 之间的直线插补完成对残料的清除。各点坐标值为：A(-16.095, -50.0), B(16.095, -50.0), C(8.471, -34.989), D(8.471, -34.989)。

腰圆形凸台的各点坐标如图 3-71 所示，各点坐标值为：E(50.0, 38.686), F(37.979, 26.665), G(26.665, 37.979), H(38.686, 50)。

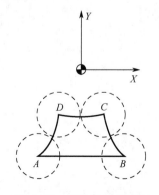

图 3-70 清除残料坐标点

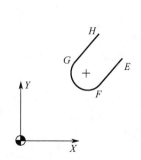

图 3-71 腰圆形凸台坐标点

2. 程序编写

（1）FANUC 系统参考程序

主程序：

```
O5001;
G21G94;
M6T1;
G90G54G00X0Y0;
G43Z20.0H01;
M03S700;
M08;
M98P5002;
G68X0Y0R90.0;
M98P5002;
G69;
G68X0Y0R180.0;
M98P5002;
G69;
G68X0Y0R270.0;
M98P5002;
G69;
G00Z50;
M98P5003
G68X0Y0R90.0;
M98P5003;
G69;
G68X0Y0R180.0;
M98P5003;
G69;
G68X0Y0R270.0;
M98P5003;
G69;
G00Z50.0;
M98P5004;
G49G00Z100.0;
M05;
M09;
M30;
```

切削残料子程序：

```
O5002;
G00X-16.059Y-65.0;
```

```
G01Z-5.0F100.0;
Y-50.0;
X16.059;
X8.471Y-34.989;
X-8.471;
X-16.059Y-65.0;
G00Z50.0;
M99;
```

切削腰圆凸台子程序：

```
O5003;
G00X65Y38.686;
G01Z-5F100.0;
G41G01X50.0Y38.686D01;
X37.979Y26.665;
G02X26.665Y37.979R8.0;
G01X38.686Y50.0;
G40G01X38.686Y65;
G00Z50.0;
M99;
```

切削圆柱凸台子程序：

```
O5004;
G00X0Y65.0;
G01Z-5F100.0;
G41G01X0Y20.0D01;
G02I0J-20.0;
G40G01X0Y65.0;
G00Z50.0;
M99;
```

（2）华中系统参考程序

```
O5001;（文件名）
%1（主程序）
G21G94;
M06T01;
G90G54G00X0Y0;
G43Z20.0H01;
M03S700;
M08;
M98P2;
G68X0Y0P90.0;
M98P2;
G69;
```

```
G68X0Y0P180.0;
M98P2;
G69;
G68X0Y0P270.0;
M98P2;
G69;
G00Z50.0;
M98P3;
G68X0Y0P90.0;
M98P3;
G69;
G68X0Y0P180.0;
M98P3;
G69;
G68X0Y0P270.0;
M98P3;
G69;
G00Z50.0;
M98P4;
G49G00Z100.0;
M05;
M09;
M30;
%2（切削残料子程序）
G00X-16.059Y-65.0;
G01Z-5.0F100.0;
Y-50.0;
X16.059;
X8.471Y-34.989;
X-8.471;
X-16.059Y-65;
G00Z50;
M99;
%3（切削腰圆凸台子程序）
G00X65Y38.686;
G01Z-5F100.0;
G41G01X50.0Y38.686D01;
X37.979Y26.665;
G02X26.665Y37.979R8;
G01X38.686Y50.0;
G40G01X38.686Y65.0;
```

```
G00Z50.0;
M99;
%4（切削圆柱凸台子程序）
G00X0Y65.0;
G01Z-5.0F100.0;
G41G01X0Y20.0D01;
G02I0J-20.0;
G40G01X0Y65.0;
G00Z50.0;
M99;
```

（3）SINUMERIK 系统参考程序

主程序：

```
CZQY5001
G71G94
M06T01
G90G54
G00Z20D01
M03S700
M08
L2
ROT RPL=90
L2
ROT
ROT RPT=180
L2
ROT
ROT RPL=270
L2
ROT
G00Z50.0
L3
ROT RPL=90
M98P3
ROT
ROT RPL=180
L3
ROT
ROT RPL=270
L3
ROT
```

```
        G00Z50.0
        L4
        G00D0Z100.0
        M05
        M09
        M30
```

切削残料子程序：
```
        L2
        G0X-16.059Y-65.0
        G01Z-5.0F100.0
        Y-50.0
        X16.059
        X8.471Y-34.989
        X-8.471
        X-16.059Y-65.0
        G00Z50.0
        RET(或M17)
```

切削腰圆凸台子程序：
```
        L3
        G00X65Y38.686
        G01Z-5.0F100.0
        G41G01X50Y38.686D1
        X37.979Y26.665
        G2X26.665Y37.979CR=8.0
        G01X38.686Y50.0
        G40G01X38.686Y65.0
        G00Z50.0
        RET 或(M17)
```

切削圆柱凸台子程序：
```
        L4
        G00X0Y65.0
        G01Z-5.0F100.0
        G41G01X0Y20.0D01
        G02I0J-20.0
        G40G01X0Y65.0
        G00Z50.0
        RET(或M17)
```

三、加工中心编程试题

1. 加工如图 3-72 所示零件，已知毛坯 85×85×30（mm）。

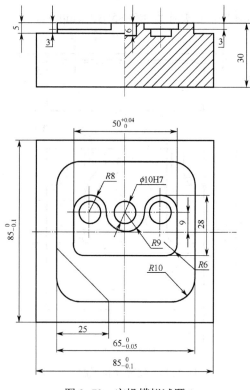

图 3-72 实操模拟试题 1

2. 加工如图 3-73 所示零件,已知毛坯 85×85×30(mm)。

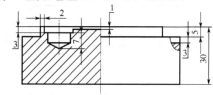

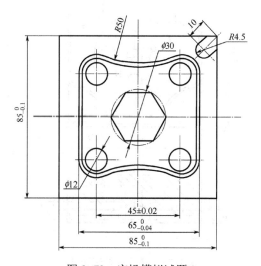

图 3-73 实操模拟试题 2

3. 加工如图 3-74 所示零件,已知毛坯 85×85×30(mm)。

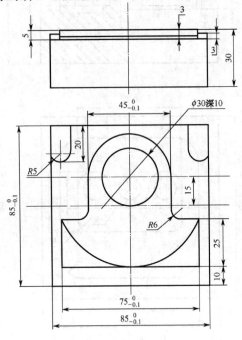

图 3-74　实操模拟试题 3

4. 加工如图 3-75 所示零件,已知毛坯 85×85×30(mm)。

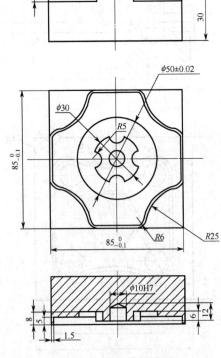

图 3-75　实操模拟试题 4

项目四　数控车床编程

任务一　数控车床的基本知识

随着科学技术的飞速发展，产品的更新换代越来越快、生产批量越来越小、生产周期也变得越来越短，但是产品的精度却越来越高。为满足以上要求，在机械行业中，数控机床的使用已越来越广泛，特别是数控车床以其低廉的价格、优良的性能，在各制造行业中得到了普及，并有取代普通车床的趋势。因此，学好数控方面的专业技术已成为当代机械类技术工人的必备条件。

一、数控车床概述

1．数控车床

（1）数控车床的定义

数控机床是指采用数控技术进行控制的机床，用于完成车削加工的数控机床称为数控车床。通常情况下也将以车削加工为主并辅以铣削加工的数控车削中心归类为数控车床。

（2）数控车床的组成

如图 4-1 所示，数控车床主要由车床本体和数控系统两大部分组成。车床本体由床身、主轴、滑板、刀架、冷却装置等组成；数控系统由程序的输入/输出装置、数控装置、伺服驱动三部分组成。

（3）数控车床的床身布局

数控车床按床身布局可分为水平床身和倾斜床身两类。

水平床身数控车床（图 4-1）的加工工艺性好，由于刀架水平放置，提高了刀架的运动精度，这类机床的缺点是刚性较差、排屑较困难。

倾斜床身数控车床（图 4-2）具有刚性好、外形美观、结构紧凑、排屑容易、便于操作和观察的优点，这类机床的缺点是，当其床身的倾斜角度较大时，会影响导轨的导向性和受力状况。

2．数控车床的分类

根据使用功能，数控车床主要分为经济型数控车床、全功能型数控车床以及车削中心等。

（1）经济型数控车床

经济型数控车床是以配备经济型数控系统为特征，并基于普通车床进行数控改造的产物，常采用开环或半闭环伺服系统控制，主轴较多采用变频调速，机床结构与普通车床相似。

（2）全功能型数控车床

全功能型数控车床一般采用后置转塔式刀架，可装刀具数量较多；主轴为伺服驱动；车床采用倾斜床身结构以便于排屑；数控系统的功能较多，可靠性较好。

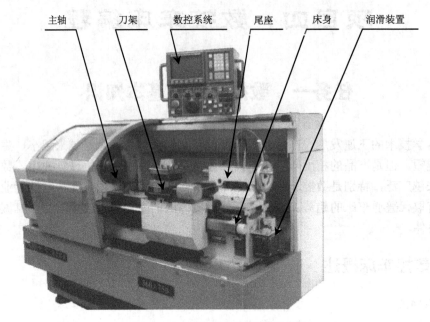

图 4-1 水平床身经济型数控车床

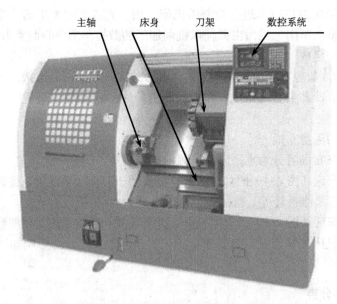

图 4-2 倾斜床身全功能型数控车床

（3）车削中心

车削中心（图 4-3）的特点是：除具有数控车削加工功能外，车削中心还采用了动力刀架并可在刀架上安装铣刀等回转刀具，该刀架具备动力回转功能。其次，车削中心还具有 C 轴功能。当动力刀具启用后，主轴旋转运动成为进给运动，刀具旋转变成了主运动。车削中心的刀架容量一般较大，部分车削中心还带有刀库和自动换刀装置。

项目四 数控车床编程

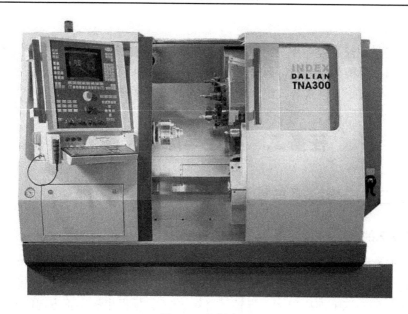

图 4-3 车削中心

3. 常用车床数控系统

（1）FANUC 数控系统

FANUC 数控系统由日本富士通公司研制开发。当前，该数控系统在我国得到了广泛的应用。目前，在中国市场上，应用于车床的数控系统主要有 FANUC 18i-TA/TB、FANUC 0i-TA/TB、FANUC 0-TD 等。

（2）西门子数控系统

西门子数控系统由德国西门子公司开发研制，该系统在我国的数控机床中应用也相当普遍。目前，在我国市场上，应用于车床的数控系统除 SIEMENS 840D/C、SIEMENS 810T/M 等型号外，还有专门针对我国市场而开发并在南京生产的 SINUMERIK 802S/C base line、802D 等型号。其中 802S 系统采用步进电机驱动，802C/D 系统则采用伺服驱动，802 系列数控系统的各种型号均有分别适用于车削加工或铣削加工的产品。

（3）国产系统

自 80 年代初期开始，我国数控系统生产与研制得到了飞速的发展，并逐步形成了以航天数控集团、机电集团、华中数控、蓝天数控等以生产普及型数控系统为主的国有企业，以及北京—法那科、西门子数控（南京）有限公司等合资企业的基本力量。目前，常用于车床的数控系统有广州数控系统，如 GSK928T、GSK980T 等；华中数控系统，如 HNC-21T 等；北京航天数控系统，如 CASNUC 2100 等；南京仁和数控系统，如 RENHE-32T/90T/100T 等；以及成都广泰数控系统，如 GTC2B/2C 等。

国产数控系统目前在经济型数控车床中运用较多，这类数控系统的共同特点是编程与操作方便、性价比高、维修简便。

本书虽未涉及国产系统的编程，但国产系统的编程方法和指令格式（包括固定循环）与 FANUC 等系统基本相同。因此，国产车床系统的数控编程均可按其编程说明书或参照 FANUC 等系统的规定进行。

（4）其它系统

除了以上三类主流数控系统外，国内使用较多的数控系统还有日本三菱数控系统和大森数控系统，法国施耐德数控系统，西班牙的法格数控系统和美国的 A-B 数控系统等。日本三菱数控系统的编程指令及格式等，绝大部分与 FANUC 等系统也相同。

任务二　数控车床编程基础

一、数控车床坐标系与编程特点

1．数控车床的坐标系

（1）Z 坐标方向

Z 坐标的运动由主要传递切削动力的主轴所决定。对任何具有旋转主轴的机床，其主轴及与主轴轴线平行的坐标轴都称为 Z 坐标轴（简称 Z 轴）。根据坐标系正方向的确定原则，刀具远离工件的方向为该轴的正方向。

（2）X 坐标方向

X 坐标一般为水平方向并垂直于 Z 轴。对工件旋转的机床（如车床），X 坐标方向规定在工件的径向上且平行于车床的横导轨。同时也规定其刀具远离工件的方向为 X 轴的正方向（图 4-4，图 4-5）。

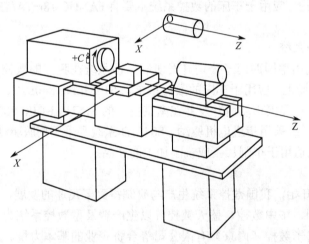

图 4-4　水平床身前置刀架式数控车床的坐标系

2．数控车床的编程特点

（1）在一个程序段中，根据图样上标注的尺寸，可以采用绝对或增量方式编程。也可采用两者混合编程。FANUC 中则规定直接用地址符 U、W 分别指定 X、Z 坐标轴上的增量值。

（2）由于被车削零件的径向尺寸在图样标注和测量时均采用直径尺寸表示。所以在直径方向编程时，X（U）均以直径量表示。

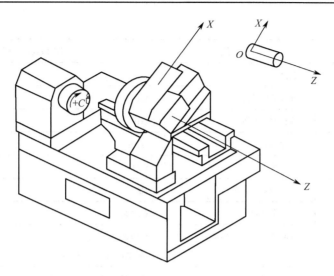

图 4-5 倾斜床身后置刀架式数控车床的坐标系

(3) 为提高工件的径向尺寸精度，X 向的脉冲当量取 Z 向的 1/2。

(4) 由于车削加工时常用棒料或锻料作为毛坯，加工余量较多，为了简化编程，数控系统采用了不同形式的固定循环，便于进行多次重复循环切削。

(5) 在数控编程时，常将车刀刀尖看作一个点，而实际的刀尖通常是一个半径不大的圆弧。为了提高工件的加工精度，在编制采用圆弧形车刀的加工程序时，常采用 G41 或 G42 指令来对车刀的刀尖圆弧半径进行补偿。

二、FANUC 系统数控车床功能指令介绍

FANUC 0i 系统为目前我国数控机床上采用较多的数控系统，数控车床常用功能指令分为准备功能指令、辅助功能指令及其它功能指令三类。

1．准备功能指令

常用准备功能指令见表 4-1。

表 4-1 FANUC 系统常用准备功能一览表

G 指令	组别	功能	程序格式及说明
G00▲	01	快速点定位	G00 X__ Z__;
G01		直线插补	G01 X__ Z__ F__;
G02		顺时针方向圆弧插补	G02 X__ Z__ R__ F__;
G03		逆时针方向圆弧插补	G02 X__ Z__ I__ K__ F__;
G04	00	暂停	G04 X1.5；或 G04 U1.5； 或 G04 P1 500；

续表

G 指令	组别	功能	程序格式及说明
G17	16	选择 XY 平面	G17;
G18▲		选择 ZX 平面	G18;
G19		选择 YZ 平面	G19;
G20▲	06	英寸输入	G20;
G21		毫米输入	G21;
G27	00	返回参考点检测	G27 X__ Z__;
G28		返回参考点	G28 X__ Z__;
G30		返回第2、3、4参考点	G30 P3 X__ Z__; 或 G30 P4 X__ Z__;
G32	01	螺纹切削	G32 X__ Z__ F__;（F 为导程）
G34		变螺距螺纹切削	G34 X__ Z__ F__ K__;
G40▲	07	刀尖半径补偿取消	G40;
G41		刀尖半径左补偿	G41 G01 X__ Z__;
G42		刀尖半径右补偿	G42 G01 X__ Z__;
G50▲	00	坐标系设定或最高限速	G50 X__ Z__; G50 S__;
G52		局部坐标系设定	G52 X__ Z__;
G53		选择机床坐标系	G53 X__ Z__;
G54▲	14	选择工件坐标系1	G54;
G55		选择工件坐标系2	G55;
G56		选择工件坐标系3	G56;
G57		选择工件坐标系4	G57;
G58		选择工件坐标系5	G58;
G59		选择工件坐标系6	G59;
G65	00	宏程序非模态调用	G65 P__ L__ <自变量指定>;
G66	12	宏程序模态调用	G66 P__ L__ <自变量指定>;
G67▲		宏程序模态调用取消	G67;
G70	00	精车循环	G70 P__ Q__;
G71		粗车循环	G71 U__ R__; G71 P__ Q__ U__ W__ F__;
G72		平端面粗车循环	G72 W__ R__; G72 P__ Q__ U__ W__ F__;
G73		多重复合循环	G73 U__ W__ R__; G73 P__ Q__ U__ W__ F__;

续表

G 指令	组别	功　能	程序格式及说明
G74	00	端面切槽循环	G74 R__； G74 X(U)__Z(W)__P__Q__R__F__；
G75		径向切槽循环	G75 R__； G75 X(U)__Z(W)__P__Q__R__F__；
G76		螺纹复合循环	G76 PmraQ__R__； G76 X(U)__Z(W)__R__P__Q__F__；
G90	01	内、外圆切削循环	G90 X__ Z__ F__； G90 X__ Z__ R__ F__；
G92		螺纹切削循环	G92 X__ Z__ F__； G92 X__ Z__ R__ F__；
G94		端面切削循环	G94 X__ Z__ F__； G94 X__ Z__ R__ F__；
G96	02	恒线速度	G96 S200；（200m/min）
G97▲		每分钟转数	G97 S800；（800r/min）
G98▲	05	每分钟进给	G98 F100；（100mm/min）
G99		每转进给	G99 F0.1；（0.1mm/r）

2．辅助功能

表 4-2　数控车床常用 M 指令

序号	指令	功　能	序号	指令	功　能
1	M00	程序暂停	7	M30	程序结束
2	M01	程序选择停止	8	M08	冷却液开
3	M02	程序结束	9	M09	冷却液关
4	M03	主轴顺时针方向旋转	10	M98	调用子程序
5	M04	主轴逆时针方向旋转	11	M99	返回主程序
6	M05	主轴停转			

3．其它功能

（1）坐标功能

坐标功能字（又称尺寸功能字）用来设定机床各坐标的位移量。它一般使用 X、Y、Z、U、V、W、P、Q、R、A、B、C、D、E 以及 I、J、K 等地址符为首，在地址符后紧跟"+"或"−"号和一串数字，分别用于指定直线坐标、角度坐标及圆心坐标的尺寸。如 X100.0、A+30.0、I−10.105 等。

对于数字的输入，有些系统可省略小数点，有些系统则可以通过系统参数来设定是否可以省略小数点。对于编程中不可省略小数点的系统，当使用小数点进行编程时，数字以毫米即 mm（英制为英寸即 inch；角度为度即 deg）为单位，当不用小数点进行编程时，则以机床的最小输入单位作为单位。

（2）刀具功能

刀具功能是指系统进行选（转）刀或换刀的功能指令，亦称为 T 功能。刀具功能用地址符 T 及后面的一组数字表示。常用刀具功能的指定方法有 T4 位数法和 T2 位数法。

T4 位数法：可以同时指定刀具和选择刀补，其 4 位数的前两位数用于指定刀具号，后两位数用于指定刀具补偿存储器号，刀具号与刀具补偿存储器号不一定要求相同。如 T0101 表示选用 1 号刀具及选用 1 号刀具补偿存储器号中的补偿值；而 T0102 则表示选用 1 号刀具及选用 2 号刀具补偿存储器号中的补偿值。FANUC 数控系统及部分国产系统多采用 T4 位数法。

T2 位数法：对某些系统，仅能指定其刀具号，刀补存储器号则由其它指令（如 D 或 H 指令）进行选择，这时，刀具号与刀具补偿存储器号不一定要求相同。如 T04D01 表示选用 4 号刀具及 1 号刀补值。SIEMENS 车床数控系统采用这种 T2 位数法。对大多数国产经济型车床数控系统，T 后面的两位数则分别指定其刀具号和刀具补偿的组号。

（3）进给功能

用来指定刀具相对于工件运动速度的功能称为进给功能，由地址符 F 和其后面的数字组成。根据加工的需要，进给功能分为每分钟进给和每转进给两种，并以其对应的功能字进行转换。

每分钟进给：直线运动的单位为毫米/分钟（mm/min）。每分钟进给通过准备功能字 G98（SIEMENS 系统用 G94）来指定，其值为大于零的常数。如下程序段所示：

```
G98 G01 X20.0 F100.0；（进给速度为100mm/min）
```

每转进给：如在加工米制螺纹过程中，常使用每转进给来指定进给速度（该进给速度即表示螺纹的螺距或导程），其单位为毫米/转（mm/r），通过准备功能字 G99（SIEMENS 系统用 G95）来指定。如以下程序段所示：

```
G99 G33 W-50.0 F2.0；（进给速度为2mm/r，即加工的螺距/导程为2 mm）
G99 G01 X20.0 F0.2；（进给速度为0.2mm/r）
```

（4）主轴功能

用以控制主轴转速的功能称为主轴功能，亦称为 S 功能，由地址符 S 及其后面的一组数字组成。根据加工的需要，主轴的转速分为线速度 V 和转速 S 两种。

① 转速 S：转速 S 的单位是转/分钟（r/min），用准备功能字 G97 来指定，其值为大于零的常数。指令格式如下：

```
G97 S1000；（主轴转速为1000r/min）
```

② 恒线速度 V：在加工某些非圆柱体表面时，为了保证工件的表面质量，主轴需要满足其线速度恒定不变的要求，而自动实时调整转速，这种功能即称为恒线速度。恒线速度的单位为米/分钟（m/min），用准备功能 G96 来指定。恒线速度指令格式：

```
G96 S100；（主轴恒线速度为100m/min）
```

如图 4-6 所示，线速度 V 与转速 n 之间可以相互换算，其换算关系如下：

项目四 数控车床编程

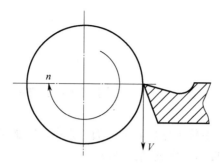

图 4-6 线速度与转速的关系

$$V = \pi Dn/1\,000$$
$$n = 1\,000\,V/\pi D$$

V：切削线速度，单位：m/min；

D：工件直径，单位：mm；

n：主轴转速，单位：r/min。

采用恒线速度进行编程时，当刀具切削至端面靠近工件中心时，因其直径接近于零，为防止转速 n 无限制升高引起事故，数控系统均采用了限速指令来限制其最高转速，其指令格式如下：

G50 S__；（FANUC 系统限速指令）

G26 S__；（SIEMENS 系统限速指令）

【例 4-1】："G50 S2000；"表示 FANUC 系统规定其主轴的最高转速为 2000r/min。

任务三 简单零件编程与加工

一、编程实例

试用基本数控功能指令编写如图 4-7 所示工件的加工程序（ϕ30 外圆已加工好）并作简要的工艺分析。

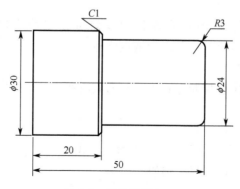

图 4-7 简单零件加工

二、相关知识点

（一）工艺分析

① 选择机床：根据图样的要求，本例选择 FANUC 0i-TA 系统前置刀架式数控车床进行加工。

② 选择加工方案：本例中采用先粗后精的加工方案，粗加工方式主要用于较快去除大部分加工余量，精加工方式主要用于保证加工精度。

③ 选择刀具及切削用量：数控车床常用刀具如图 4-8 所示。本例选择粗、精加工外圆车刀各一把，刀具及切削用量如表 4-3 所示。

(a) T01、T02号90°外圆车刀　　(b) T03号外切槽刀　　(c) T04号普通螺纹车刀　　(d) T05号盲孔车刀

图 4-8　数控车刀的种类

表 4-3　刀具与切削用量参数

参数名称	型号	刀具材料	刀具偏移号	工件转速	进给速度	背吃刀量
粗车刀	90°外圆车刀	YT5	T0101	500	150	1.5
精车刀	90°外圆车刀	YT30	T0202	1000	80	0.2

④ 工件装夹：工件选用通用夹具三爪卡盘装夹，用百分表校正，工件坐标系原点取在完工工件的右端面与 Z 轴的交点上。

（二）数控代码

1．常用指令的含义与指令格式

（1）绝对坐标与增量坐标

在 FANUC 车床系统及部分国产系统中，以地址符 X、Z 组成的坐标功能字表示绝对坐标，而用地址符 U、W 组成的坐标功能字表示增量坐标。

（2）快速定位指令 G00

该指令命令刀具以点定位控制方式快速从刀具所在点到达指定点。G00 为模态指令，其指令格式为：

```
G00 X(U)__ Z(W)__;
```

其中：X__ Z__ 为刀具目标点坐标。当使用增量方式时，U__ W__ 为目标点相对于起始点的增量坐标，不运动的坐标可以不写。例如：

```
G00 X20.0 Z10.0;
```

或

```
G00 U-20.0 W-20.0;
```

G00 不用指定移动速度,其移动速度由机床系统参数设定。参数中的移动速度值有多种选择,可根据需要选择不同的 G00 移动速度。

快速移动的轨迹有两种类型,一种是直线型,另一种是折线型。对于折线型轨迹,特别要注意在进、退刀时刀具相对于工件、夹具所处的位置,要合理选择起刀点与转刀点的位置,以防止刀具在进、退刀过程中与工件、夹具等发生碰撞。

(3) 直线插补指令 G01

该指令命令刀具在两坐标或三坐标轴间以插补联动的方式并按指定的进给速度作规定斜率的直线运动。G01 也是模态指令,其指令格式为:

```
G01 X(U)__ Z(W)__ F__;
```

其中:X__ Z__ 为刀具目标点坐标。当使用增量方式时,U__ W__ 为目标点相对于起始点的增量坐标,不运动的坐标可以不写;F__ 为刀具切削进给时的进给速度。

(4) 换刀指令 T

该指令用于刀具的交换与刀具补偿的读取。

指令格式:T××××(前两位数为刀具号,后两位数为刀具补偿位置)。

如:T0101 表示换 1 号刀,并读取 1 号位置刀具补偿值。

T0203 表示换 2 号刀,并读取 3 号位置刀具补偿值。

一般情况为了避免混淆,尽可能使刀具号与刀具补偿值相同。

(5) 圆弧插补指令 G02/G03

G02、G03 指令用于指定圆弧插补。图 4-9a 中,G02 表示顺时针圆弧插补;G03 表示逆时针圆弧插补。图 4-9b 中,G02 表示逆时针圆弧插补;G03 表示顺时针圆弧插补。

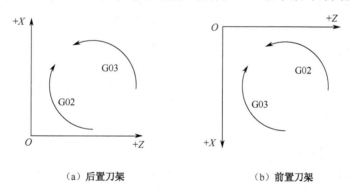

(a) 后置刀架　　　　　　　　(b) 前置刀架

图 4-9　圆弧顺、逆方向判断

指令格式:

```
G02/03 X__ Z__ R__;
```

或

```
G02/03 X__ Z__ I__ K__;
```

其中:X__ Z__ 为圆弧的终点坐标值,其值可以是绝对坐标,也可以是增量坐标。在增量方式下,其值为圆弧终点坐标相对于圆弧起点的增量值;

R 为圆弧半径。在 SIEMENS 系统中,圆弧半径用符号 "CR=" 表示;

I__ K__ 为圆弧的圆心相对其起点分别在 X、Z 坐标轴上的增量值(I 值为半径量)。

编程中，确定圆弧程序段格式的常用方法主要有以下两种：一种以圆弧起点、终点坐标及圆弧半径（即程序中的 R 值或 CR 值）来确定；另一种由起点、终点及 I、K 值来确定。

圆弧半径 R 有正值与负值之分（图 4-10）。当圆弧圆心角小于或等于 180° 时，程序中的 R 用正值表示，反之则用负值表示，通常情况下，数控车床所加工圆弧的圆心角均小于 180°。在图 4-10 中，当圆弧 AB（1）的圆心角小于 180° 时，R 用正值表示；当圆弧 AB（2）的圆心角大于 180° 并小于 360° 时，R 用负值表示。

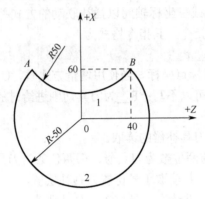

图 4-10　圆弧半径正、负值的判断

三、程序编写（图 4-7 所示工件）

```
O0001;
G98 G21;
T0101;
G00 X100.0;
Z100.0;
M03 S600;
G00 X30.0 Z2.0;
    X24.4;
G01 Z-30.0 F100.0;
    X32.0
G00 X100.0;
    Z100.0;
M05;
T0202
M03 S800;
G00 X30.0 Z2.0;
G01 X18.0 Z0.0;         （直线进给至圆弧起点）
G03 X24.0 Z-3.0 R3.0;   （加工 R3 圆弧）
G01 Z-30.0 F50.0;
X28.0;
X30.0 Z-31.0;           （倒角）
```

```
G00 X100.0;
Z100.0;
M05
M30;
```

四、练习（图4-11）

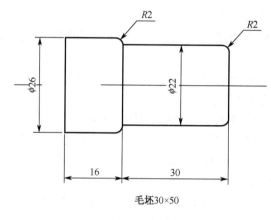

图 4-11 练习

任务四　外圆加工单一固定循环

一、编程实例

试用外圆粗车单一固定循环指令编写如图 4-12 所示工件的加工程序。

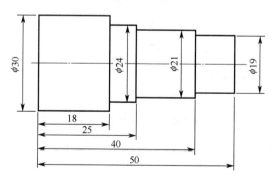

图 4-12 外圆粗车单一固定循环

二、相关知识点

为了达到简化编程的目的，在 FANUC 系统中配备了很多固定循环功能，这些循环功能主要用在零件的内、外圆粗精加工，螺纹加工，内、外沟槽及端面槽的加工中。通过对这些固定循环指令的灵活运用，可使编写的加工程序简洁明了，减少编程过程中的出错几率。

三、外圆粗车单一固定循环 G90

1. 圆柱面切削循环

1）指令格式

```
G90 X(U)__ Z(W)__ F__;
```

其中：X(U)__ Z(W)__为循环切削终点（图 4-13 中 C 点）处的坐标，U 和 W 后面数值的符号取决于轨迹 AB 和 BC 的方向；

F 为循环切削过程中的进给速度，该值可沿用到后续程序中去，也可沿用循环程序前已经设置好的 F 值。例如：

```
G90 X30.0 Z-30.0 F100.0;
```

2）本指令的运动轨迹及工艺说明

圆柱面切削循环（即矩形循环）的执行过程如图 4-13 所示。刀具从程序起点 A 开始以 G00 方式径向移动至指令中的 X 坐标处（图中 B 点），再以 G01 的方式沿轴向切削进给至终点坐标处（图中 C 点），然后退至循环开始的 X 坐标处（图中 D 点），最后以 G00 方式返回循环起始点 A 处，准备下个动作。

该指令与简单的编程指令（如 G00，G01 等）相比，将 AB、BC、CD、DA 四条直线指令组合成一条指令进行编程，从而达到了简化编程的目的。

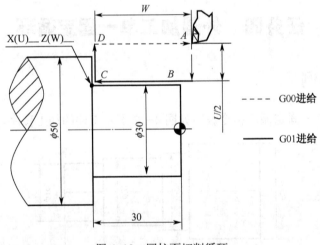

图 4-13 圆柱面切削循环

2. 圆锥面切削循环

1）指令格式

```
G90 X(U)__ Z(W)__ R__ F__;
```

其中：X(U)__ Z(W)__为循环切削终点处的坐标；

F 为循环切削过程中进给速度的大小；

R 为圆锥面切削起点（图 4-14 中的 B 点）处的 X 坐标减终点（图 4-14 中的 C 点）处 X 坐标之值的二分之一。

例如：

```
G90 X30.0 Z-30.0 R-5.0 F100.0;
```

2) 本指令的运动轨迹与工艺分析

本指令的循环加工轨迹如图 4-14 所示，相似于圆柱面切削循环。

G90 循环指令中的 R 值有正负之分，当切削起点处的半径小于终点处的半径时，R 为负值，如图 4-14 中 R 值即为负值。反之则为正值。

为了保证锥面加工时锥度的正确性，该循环的循环起点一般应在离工件 X 向 1~2mm 和 Z 向为 Z0 的位置处，如图 4-15 所示。当加工 CD 直线段时，如果 Z 向起刀点处在 Z2.0 位置时，其实际的加工路线为 ED，从而产生了锥度误差。解决其锥度误差的另一种办法是在 CD 直线的延长线上起刀（如图 4-15 中的 G 点），但这时要重新计算 R 值。

对于锥面加工的背吃刀量，应参照最大加工余量来确定，即以图 4-15 中 CF 段的长度进行平均分配。如果按图 4-15 中的 BD 段长度来分配背吃刀量的大小，则在加工过程中会使第一次执行循环时的开始处背吃刀量过大，如图中 ABF 区域所示，即在切削开始处的背吃刀量为 10mm。

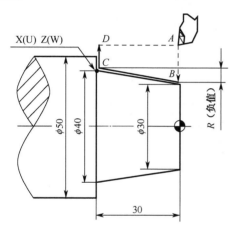

图 4-14 圆锥面切削循环的轨迹

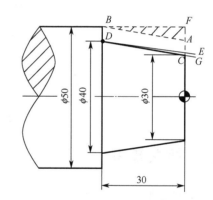

图 4-15 圆锥面切削循环的工艺分析

四、程序编写（图 4-12 所示工件）

```
O0001;
G98 G21;
T0101;
G00 X100.0 Z100.0;
M03 S600;
G00 X26.0 Z2.0;
G90 X24.0 Z-32.0 F100.0;
G90 X21.0 Z-25.0 F100.0;
G90 X18.0 Z-10.0 F100.0;
G00 X100.0 Z100.0;
M05;
M30;
```

任务五 外圆粗、精车循环（G71、G70）

一、编程实例

试编写如图 4-16 所示工件的加工程序（零件毛坯尺寸 Ø30X50）。

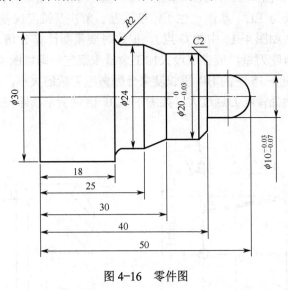

图 4-16 零件图

二、相关知识

1. 刀具选用

本例刀具清单如表 4-4 所示。

表 4-4 刀具与切削用量参数

参数 名称	型号	刀具材料	刀具偏移号	工件转速	进给速度	背吃刀量
粗车刀	90°外圆车刀	YT5	T0101	500	100	1.5
精车刀	90°外圆车刀	YT30	T0202	1000	50	0.2

2. 指令介绍

（1）外圆粗车固定循环

1）指令格式

```
G71 U(Δd) R(e) ;
G71 P(ns) Q(nf) U(Δu) W(Δw) F_ S_ T_ ;
```

其中：

Δd：X 向背吃刀量（半径量指定），不带符号，且为模态值；

e：退刀量，其值为模态值；
ns：精车程序第一个程序段的段号；
nf：精车程序最后一个程序段的段号；
Δu：X 方向精车余量的大小和方向，用直径量指定（另有规定则除外）；
Δw：Z 方向精车余量的大小和方向；
F、S、T：粗加工循环中的进给速度、主轴转速与刀具功能。
精车余量的确定方法见后面精车循环（G70）的工艺说明。

【例 4-2】：
```
G71 U1.5 R0.5;
G71 P100 Q200 U0.3 W0.05 F150.0;
```
2）本指令的运动轨迹及工艺说明

G71 粗车循环的运动轨迹如图 4-17 所示。刀具从循环起点（C 点）开始，快速退刀至 D 点，退刀量由 Δw 和 Δu/2 值确定；再快速沿 X 向进刀 Δd（半径值）至 E 点；然后按 G01 进给至 G 点后，沿 45°方向快速退刀至 H 点（X 向退刀量由 e 值确定）；Z 向快速退刀至循环起始的 Z 值处（I 点）；再次 X 向进刀至 J 点（进刀量为 e+Δd）进行第二次切削；如该循环至粗车完成后，再进行平行于精加工表面的半精车（这时，刀具沿精加工表面分别留出 Δw 和 Δu 的加工余量）；半精车完成后，快速退回循环起点，结束粗车循环所有动作。

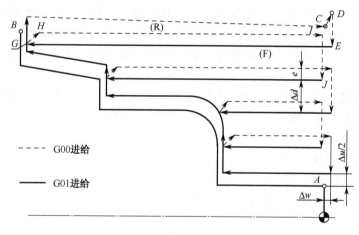

图 4-17　粗车循环轨迹图

G71 指令所在程序段中的 F 和 S 值只对粗加工循环有效，该值一经指定，则在程序段段号"ns"和"nf"之间所有的 F 和 S 值均无效。另外，该值也可以不加指定而沿用前面程序段中的 F 值，并可沿用至粗、精加工结束后的程序中去。

在 FANUC 0i 中，通常情况下，粗加工循环中，轮廓外形必须采用单调递增或单调递减的形式，否则会产生凹形轮廓不是分层切削而是在半精加工时一次性切削的情况（如图 4-18 所示）。当加工图示凹圆弧 AB 段时，阴影部分的加工余量在粗车循环时，因其 X 向的递增与递减形式并存，故无法进行分层切削而在半精车时一次性进行切削。

在 FANUC 系列的 G71 循环中，顺序号"ns"程序段必须沿 X 向进刀，且不能出现 Z 轴的运动指令，否则会出现程序报警。

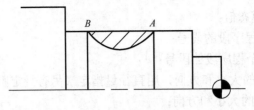

图 4-18 粗车凹槽

```
    N100 G01 X30.0;            （正确的"ns"程序段）
    N100 G01 X30.0 Z2.0;       （错误的"ns"程序段，程序段中出现了Z轴的运动指令）
```

（2）精车循环（G70）

1）指令格式

```
    G70 P(ns) Q(nf);
```

其中：

ns：精车程序第一个程序段的段号；

nf：精车程序最后一个程序段的段号。

【例 4-3】：

```
    G70 P100 Q200;
```

2）本指令的运动轨迹及工艺说明

执行 G70 循环时，刀具沿工件的实际轨迹进行切削，循环结束后刀具返回循环起点。

G70 指令一般用在 G71、G72、G73 指令的程序内容之后，不单独使用。

G70 执行过程中的 F 和 S 值，由段号"ns"和"nf"之间给出的 F 和 S 值指定，如前例中 N100 程序段所示。

精车余量的确定：精车余量的大小受机床、刀具、工件材料、加工方案等因素影响，故应根据前、后工步的表面质量、尺寸、位置及安装精度进行确定，其值不能过大也不宜过小。确定加工余量的常用方法有经验估算法、查表修正法、分析计算法三种。车削内、外圆时的加工余量采用经验估算法一般取 0.3～0.5mm。

G71 与 G70 指令进行内孔加工时不但要注意起刀点的位置，而且还要注意加工余量的方向性，即外圆的加工余量为正，内孔加工余量为负。

三、程序编写（图 4-16 所示工件）

```
    O0001;
    G98 G21;
    T0101;
    G00 X100.0 Z100.0;
    M03 S600;
    G00 X32.0 Z2.0;
    G71 U1.0 R0.5;
    G71 P100 Q200 U0.3 W0.0 F100.0;
    N100 G01 X0.0 F50.0;    （此程序段中不能出现Z轴的运动指令）
```

```
Z0.0;
G03 X10.0 Z-5.0 R5.0;
G01 Z-10.0;
X16.0 ;
X20.0 Z-12.0;
Z-20.0;
X24.0 Z-25.0;
Z-30.0;
G02 X28.0 Z-32.0 R2.0;
N200 G01X30.0
G00 X100.0 Z100.0;
M05;
M00;
T0202;
G00 X32.0 Z2.0;
S1000 M03
G70 P100 Q200;
G00 X100.0 Z100.0;
M05;
M30;
```

四、练习

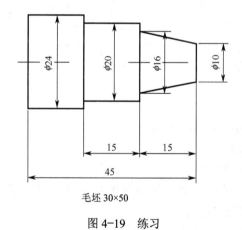

毛坯 30×50

图 4-19 练习

任务六　切槽与螺纹加工固定循环

一、编程实例

试完成如图 4-20 所示工件的加工程序（零件毛坯如图 4-17 所示）。

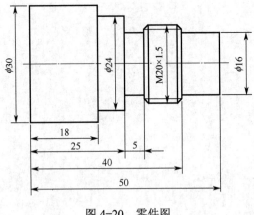

图 4-20 零件图

二、相关指令

1. 切槽用复合固定循环（G75）

（1）指令格式

```
G75 R(e);
G75 X(U)___ Z(W)___ P(Δi) Q(Δk) R(Δd) F__;
```

其中：

e：退刀量，其值为模态值；

X(U)___ Z(W)___：切槽终点处坐标；

Δi：X 方向的每次切深量（μm），用不带符号的半径量表示；

Δk：刀具完成一次径向切削后，在 Z 方向的偏移量（μm），用不带符号的值表示；

Δd：刀具在切削底部的 Z 向退刀量，无要求时可省略；

F：径向切削时的进给速度。

【例 4-4】：

```
G75 R0.5;
G75 U6.0 W5.0 P1500 Q2000 F60.0;
```

（2）本指令的运动轨迹及工艺说明

G75 循环轨迹如图 4-21 所示。

① 刀具从循环起点（A 点）开始，沿径向进刀 Δi 并到达 C 点；

② 退刀 e（断屑）并到达 D 点；

③ 按该循环递进切削至径向终点 X 的坐标处；

④ 退到径向起刀点，完成一次切削循环；

⑤ 沿轴向偏移 Δk 至 F 点，进行第二层切削循环；

⑥ 依次循环直至刀具切削至程序终点坐标处（B 点），径向退刀至起刀点（G 点），再轴向退刀至起刀点（A 点），完成整个切槽循环动作。

G75 程序段中的 Z(W) 值可省略或设定值为 0，当 Z(W) 值设为 0 时，循环执行时刀具仅作 X 向进给而不作 Z 向偏移。

对于程序段中的 Δi、Δk 值，在 FANUC 系统中，不能输入小数点，而直接输入最小编程单位，如"P1 500"表示径向每次切深量为 1.5mm。

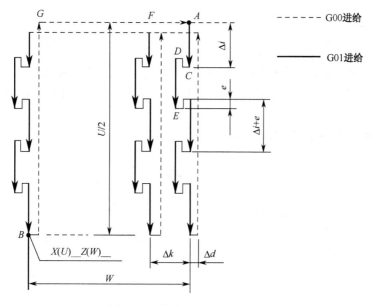

图 4-21　径向切槽循环轨迹图

2. 螺纹切削单一固定循环（G92）

（1）圆柱螺纹切削循环

1）指令格式

　　G92 X(U)__ Z(W)__ F__;

其中：

X(U)__ Z(W)__：螺纹切削终点处的坐标，U 和 W 后面数值的符号取决于轨迹 AB（图 4-21）和 BC 的方向；

F：螺纹导程的大小，如果是单线螺纹，则为螺距的大小。

【例 4-5】：

　　G92 X30.0 Z-30.0 F2.0;

2）本指令的运动轨迹及工艺说明

G92 圆柱螺纹切削轨迹如图 4-22 所示，与 G90 循环相似，运动轨迹也是一个矩形轨迹。刀具从循环起点 A 沿 X 向快速移动至 B 点，然后以导程/转的进给速度沿 Z 向切削进给至 C 点，再从 X 向快速退刀至 D 点，最后返回循环起点 A 点，准备下一次循环。

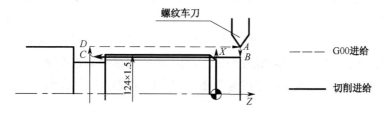

图 4-22　圆柱螺纹循环切削轨迹图

在 G92 循环编程中，仍应注意循环起点的正确选择。通常情况下，X 向循环起点取在离外圆表面 1~2mm（直径量）的地方，Z 向的循环起点根据导入值的大小来进行选取。

（2）圆锥螺纹切削循环

1）指令格式

```
G92 X(U)__ Z(W)__ F__ R__;
```

R 的大小为圆锥螺纹切削起点处（图 4-23 中 B 点）的 X 坐标减其终点（编程终点）处的 X 坐标之值的二分之一；R 的方向规定为，当切削起点处的半径小于终点处的半径（即顺圆锥外表面）时，R 取负值。

其余参数参照圆柱螺纹的 G92 规定。

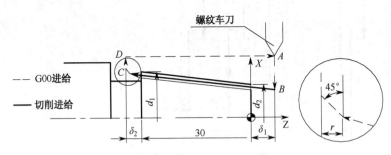

图 4-23 圆锥螺纹循环切削的轨迹图

【例 4-6】：

```
G92 X30.0 Z-30.0 F2.0 R-5.0;
```

2）本指令的运动轨迹及工艺说明

G92 圆锥螺纹切削循环轨迹与 G92 直螺纹切削循环轨迹相似（即原 BC 水平直线改为倾斜直线）。

对于圆锥螺纹中的 R 值，在编程时除要注意有正、负值之分外，还要根据不同长度来确定 R 值的大小，图 4-23 中，用于确定 R 值的公式为 $30+\delta_1+\delta_2$，以保证螺纹锥度的正确性。

圆锥螺纹的牙型角为 55°，其余尺寸参数（如牙型高度、大径、中径、小径等）通过查表确定。

3）使用螺纹切削单一固定循环（G92）时的注意事项

① 在螺纹切削过程中，按下循环暂停键时，刀具立即按斜线退回，然后先回到 X 轴的起点，再回到 Z 轴的起点。在退回期间，不能进行另外的暂停。

② 如果在单段方式下执行 G92 循环，则每执行一次循环必须按 4 次循环启动按钮。

③ G92 指令是模态指令，当 Z 轴移动量没有变化时，只需对 X 轴指定其移动指令即可重复执行固定循环动作。

④ 执行 G92 循环时，在螺纹切削的退尾处，刀具沿接近 45° 的方向斜向退刀，Z 向退刀距离 r=0.1S~12.7S（S 为导程），如图 4-23 所示，该值由系统参数设定。

⑤ 在 G92 指令执行过程中，进给速度倍率和主轴速度倍率均无效。

三、程序编写（图 4-20 所示工件，切槽刀宽 3mm）

```
O0001;
G98 G21;
T0101;
G00 X100.0 Z100.0;
M03 S600;
G00 X22.0 Z2.0;
G01 X16.0 F100.0;
Z-10.0;
X20.0 Z-12.0;
Z-25.0;
X26.0;
G00 X100.0 Z100.0;
M05;
T0202;
G00 X22.0 Z-23.0;
S250 M03;
G75R0.5;
G75 X16.0 Z -25.0 P1000 Q1000 F20.0;
G00 X22.0 Z-21.0;
G01X20.0F20.0;
X16.0Z-23.0;
G00X100.0;
Z100.0;
M05;
T0303;
G00 X22.0 Z-5.0;
M03 S300
G92 X19.8 Z-22.8 F1.5
    X19.4
    X19.1
    ……
    X17.5
G00X100.0Z100.0;
M05;
M30;
```

四、数控车程序实例（图4-24）

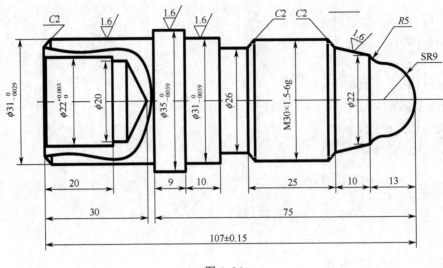

图4-24

1. 工艺分析：

该零件的表面类型有：端面、倒角、圆锥、外圆、内孔、圆弧、螺纹、槽。步骤如下：
① 粗精加工工件左端外形长度43mm；
② 打孔，粗精加工工件左端内形；
③ 调头校正，手工车端面，保证总长107；
④ 粗精加工工件右端外形；
⑤ 车 8×Φ26 槽；
⑥ 加工螺纹 M30×1.5。

2. 刀具选择

T01——外圆车刀，T02——内孔车刀，T03——切槽刀，T04——螺纹刀。

3. 程序

程序	说明
O0001;	程序名
G98G21;	分进给　公制尺寸
M03 600;	转数600r/min
T0101;	换1号外圆车刀
G00 X38.0 Z5.0;	快进到外径粗车循环起刀点
G71 U1.0 R0.5;	外径粗车循环 U：每次背吃刀量单边1mm，R：退刀量单边0.5mm
G71 P01 Q02 U0.5 W0.1F80.0;	P01：粗加工第一程序段号，Q02：粗加工最后程序段号，U0.5：精加工余量双边0.5，W0.1 精加工余量0.1，F80：粗车进给速度80mm/min

N01 G01 X0.0 ;	轮廓程序
Z0.0;	
X27.0 Z0.0;	
X31.0 Z-2.0;	
X31.0 Z-32.0;	
X35.0 Z-32.0;	
N02 G01 X35.0 Z-43.0;	
G00 X100.0;	X 向退刀
Z200.0;	Z 向退刀
M05;	主轴停止
M00;	程序暂停
M03 S1200;	1200r/min
T0101;	1 号外圆车刀
G00 X38.0 Z5.0;	快进到外径精车循环起刀点
G70 P01 Q02 F60.0;	P01: 精加工第一程序段号, Q02: 精加工最后程序段号
G00 X100.0;	X 向退刀
Z200.0;	Z 向退刀
M05;	主轴停止
M00;	程序暂停
M03 S600;	转数 600r/min
T0202;	换 2 号内孔车刀
G00 X19.0 Z2.0;	快进到内径粗车循环起刀点
G71 U1.0 R0.5;	内径粗车循环
	U: 每次背吃刀量单边 1mm, R: 退刀量单边 0.5mm
G71 P03 Q04 U-0.5 W0.1 F80.0;	P03: 粗加工第一程序段号, Q04: 粗加工最后程序段号, U-0.5: 精加工余量双边 0.5, W0.1 精加工余量 0.1, F80: 粗车进给速度 80mm/min
N03 G01 X23.0;	轮廓程序
Z0.0;	
X22.0 Z-0.5;	
N04 G01 X22.0 Z-20.0;	
G00 Z200.0;	Z 向退刀
X100.0;	X 向退刀
M05;	主轴停止
M00;	程序暂停
M05 S1200;	精加工转数 1200r/min
T0202;	2 号内孔车刀
G00 X19.0 Z2.0;	快进到内径精车循环起刀点
G70 P03 Q04 F60.0;	P03: 精加工第一程序段号, Q04: 精加工最后程序段号
G00 Z200.0;	Z 向退刀

X100.0;	X向退刀
M05;	主轴停止
M30;	程序暂停
O0002	程序名
G98	分进给
M03 6500;	转数600r/min
T0101;	换1号外圆车刀
G00 X38.0 Z5.0;	快进到外径粗车循环起刀点
G71 U1.0 R0.5;	外径粗车循环
	U：每次背吃刀量单边1mm，R：退刀量单边0.5mm
G71 P05 Q06 U0.5 W0.1 F80.0;	P05：粗加工第一程序段号，Q06：粗加工最后程序段号，U0.5：精加工余量双边0.5，W0.1精加工余量0.1，F80：粗车进给速度80mm/min
N05 G01 X0.0;	
Z0.0;	
G03 X18.0 Z-9.0 R9.0;	轮廓程序
G02 X22.0 Z-13.0 R5.0;	
G01 X26.0 Z-23.0;	
X30.0 Z-25.0;	
X30.0 Z-56.0;	
X31.0 Z-56.0;	
X31.0 Z-66.0;	
N06 G01 X35.0 Z-66.0;	
G00 X100.0;	X向退刀
Z200.0;	Z向退刀
M05;	主轴停止
M00;	程序暂停
M03 S1200;	1200r/min
T0101;	1号外圆车刀
G00 X38.0 Z5.0;	快进到外径精车循环起刀点
G70 P05 Q06 F60.0;	P05：精加工第一程序段号，Q06：精加工最后程序段号
G00 X100.0;	X向退刀
Z200.0;	Z向退刀
M05;	主轴停止
M00;	程序暂停
M03 S400;	切槽转数400r/min
T0303;	换3号切槽刀，刀宽4mm
G00 X38.0 Z-56.0;	快进到切槽起点
G75R0.5;	切槽循环 R0.5：退刀量0.5mm

G75 X26.0 Z-52.0 P1000 Q1000 F20.0;	X26.0 Z-52.0:切槽终点处坐标，P1000：X方向每次切深量1mm，Q1000：刀具完成一次切深Z方向偏移量1mm，F20：进给量；
G00 X32.0;	X向退刀
Z-50.0;	Z向退刀
G01X30.0F20.0;	
X26.0Z-52.0;	倒角
Z-54.0;	
X32.0;	
G00X100.0;	X向退刀
Z200.0;	Z向退刀
M05;	主轴停止
M00;	程序暂停
M03 S300;	转数300r/min
T0404;	换4号螺纹车刀
G00 X32.0 Z-20.0;	快进到切螺纹起点
G92X29.8Z-52.0F1.5;	加工螺纹
X29.4;	
…	
X27.15;	
G00 X100.0;	X向退刀
Z250.0;	Z向退刀
M05;	主轴停止
M30;	程序停止

五、练习

试用固定循环指令完成如图4-25所示2个零件的编程与加工。

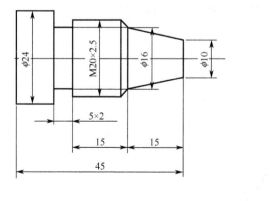
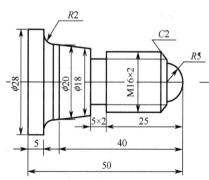

图4-25 练习

任务七 多重复合固定循环

一、编程实例

试用复合固定循环编写如图 4-26 所示零件程序（毛坯尺寸 $\phi 30 \times 55$）。

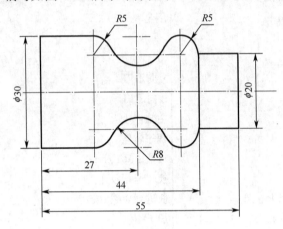

图 4-26 零件图

二、相关知识

1．刀具选用

本例零件外形中有一 R8 的凹圆弧，为避免刀具干涉可选用如图 4-27 所示形状刀尖，此类刀具可由三角螺纹刀刃磨而成。

图 4-27 刀尖示意图

2．基点坐标

本例中 R8 圆弧与两个 R5 圆弧的交点坐标不能直接得到，这类基点的坐标可通过手工计算而得，也可通过 CAD 软件上的捕捉点功能求得。如图 4-28 所示，在 AutoCAD 中使坐标系原点与工件坐标原点重合，通过捕捉点功能求得 A 点坐标（23.846，-20.615），B 点坐标（23.846，-35.384）。

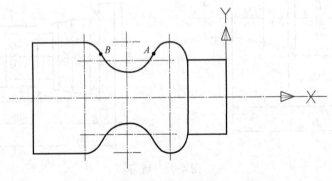

图 4-28 基点计算

3. 多重复合循环（G73）

（1）指令格式

```
G73 U(Δi) W(Δk) R(d) ;
G73 P(ns) Q(nf) U(Δu) W(Δw) F_ S_ T_ ;
```

其中：

Δi：X 轴方向的退刀量的大小和方向（半径量指定），该值是模态值；

Δk：Z 轴方向的退刀量的大小和方向，该值是模态值；

d：分层次数（粗车重复加工次数）；

其余参数请参照 G71 指令。

【例 4-7】：

```
G73 U3.0 W0.5 R3.0;
G73 P100 Q200 U0.3 W0.05 F150;
```

（2）本指令的运动轨迹及工艺说明

G73 复合循环的轨迹如图 4-29 所示。步骤如下：

① 刀具从循环起点（C 点）开始，快速退刀至 D 点（在 X 向的退刀量为 Δu/2+Δi，在 Z 向的退刀量为 Δw+Δk）；

② 快速进刀至 E 点（E 点坐标值由 A 点坐标、精加工余量、退刀量 Δi 和 Δk 及粗切次数确定）；

③ 沿轮廓形状偏移一定值后进行切削至 F 点；

④ 快速返回 G 点，准备第二层循环切削；

⑤ 如此分层（分层次数由循环程序中的参数 d 确定）切削至循环结束后，快速退回循环起点（C 点）。

G73 循环主要用于车削固定轨迹的轮廓。这种复合循环，可以高效地切削铸造成形、锻造成形或已粗车成形的工件。对不具备类似成形条件的工件，如采用 G73 进行编程与加工，则反而会增加刀具在切削过程中的空行程，而且也不便计算粗车余量。

G73 程序段中，"ns"所指程序段可以向 X 轴或 Z 轴的任意方向进刀。

G73 循环加工的轮廓形状，没有单调递增或单调递减形式的限制。

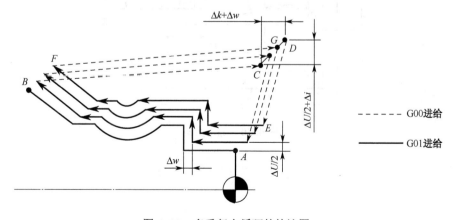

图 4-29 多重复合循环的轨迹图

三、程序编写（图 4-30 所示零件）

```
O0001;
G98 G21;
T0101;
G00 X100.0 Z100.0;
M03 S800;
G00 X40.0 Z4.0;
G73 U2.0 W0 R6.0;
G73 P100 Q200 U0.3 W0 F150.0;
N100 G01 X20.0 Z2.0F60.0 S1000;
     Z-11.0;
     G03 X23.846 Z-20.615R5.0;
     G02 X23.846 Z-35.384 R8.0;
     G03 X30.0 Z-40.05 R5.0;
     G01 Z-55.0;
N200 X32.0;
     G70 P100 Q200;
     G00 X100.0 Z100.0;
     M05;
     M30;
```

四、练习

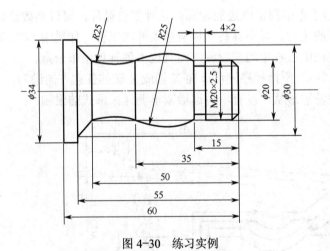

图 4-30 练习实例

任务八 复合螺纹切削循环和深孔钻循环

一、复合螺纹切削循环指令

复合螺纹切削循环指令可以完成一个螺纹段的全部加工任务。它的进刀方法有利于改善刀具的切削条件，如图 4-31 所示。

指令格式：

```
G76 P (m)(r) (a) Q (Δdmin) R(d);
G76 X(U)__Z(W)__ R(i) P(k) Q(Δd) F f;
```

式中：

m：精加工重复次数；

r：倒角量，即螺纹切削收尾处 45 度斜向退刀量，每个单位长度是 0.1×导程，两位数表示；

α：刀尖角；

Δdmin：最小切入量，不带小数点，单位为 μm；

d：精加工余量，带小数点，单位为 mm；

X(U) Z(W)：终点坐标；

i：螺纹部分半径之差，即螺纹切削起始点与切削终点的半径差。加工圆柱螺纹时，i=0。加工圆锥螺纹时，当 X 向切削起始点坐标小于切削终点坐标时，i 为负，反之为正；

k：螺牙的高度（X 轴方向的半径值），不带小数点，单位为 μm；

Δd：第一次切入量（X 轴方向的半径值），不带小数点，单位为 μm；

f：螺纹导程。

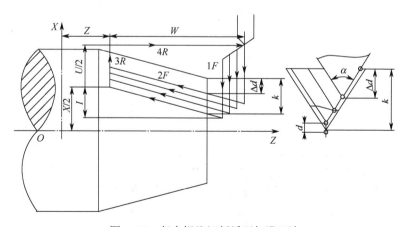

图 4-31 复合螺纹切削循环与进刀法

【例 4-8】：

```
G76 P 02 12 60 Q50 R0.1;
G76 X60.64 Z-30.0 R0 P1300 Q500 F2.0;
```

二、深孔钻循环

深孔钻循环功能适用于深孔钻削加工，如图 4-32 所示。
指令格式：

```
G74 R(e);
G74 Z(W)__Q(k) F_;
```

式中：
e：退刀量；
Z(W)__：钻削深度；
k：每次钻削长度。

【例 4-9】：采用深孔钻削循环功能加工图 4-32 所示深孔，试编写加工程序。其中：e=1，k=20，F=0.1。

```
...
G99
G00X200.0 Z100.0;
T0202;
M03 S600;
G00 X0 Z1.0;
G74 R1.0;
G74 Z-80.0Q20.0 F0.1;
G00 Z100.0;
X200.0.0;
M05;
M30;
```

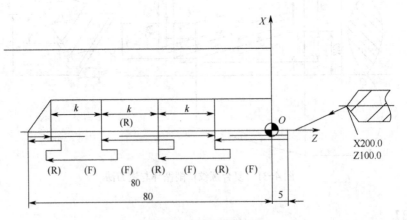

图 4-32 深孔钻削循环

任务九 子程序

一、编程实例

试编写如图 4-33 所示零件的加工程序（毛坯尺寸 $\phi 30\times 50$）。

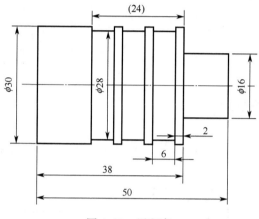

图 4-33 子程序

本例中先采用 90 度车刀加工外圆，然后采用刀宽为 4mm 的切槽刀加工三条槽。

二、程序编写（图 4-33 所示零件）

```
O0001;
    G98 G21;
    T0101;                              （转外圆车刀）
    M03 S600;
    G00 X32.0 Z2.0;
    G71 U1.5 R0.3;                      （粗车外圆表面）
    G71 P100 Q200 U0.3 W0.0 F150;
N100 G00 X16.0;
    G01 Z-12.0;
        X30.0;
 N200   Z-50.0;
        M03 S1000;
G70 P100 Q200 F50.0;
    G00 X100.0 Z100.0;
    T0202;
    M03 S200;
    G00 X32.0 Z-12.0;                   （注意循环起点的位置）
    M98 P0002L3;                        （调用子程序 3 次）
```

```
            G00 X100.0 Z100.0;
            M05;
            M30;
    O0002
            G00 W-6.0;
            G01 U-4.0 F30.0;
                U4.0;
                W-2.0;
                U-4.0;
                U4.0;
            M99;
```

三、数控车程序实例

编制如图 4-34 所示的零件的加工程序,零件材料为 45 号钢,毛坯尺寸为 Φ40×100(mm)。

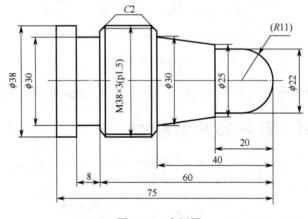

图 4-34 实例图

1. 工艺分析

该零件的表面类型有:端面、倒角、圆锥、外圆、圆弧、槽、螺纹。步骤如下:
(1) 粗、精加工工件右端外形。
(2) 车 8×Φ30(mm) 槽。
(3) 加工螺纹 M38×3(mm)。

2. 刀具选择:

T01—外圆车刀(轮廓粗加工),T02—外圆车刀(轮廓精加工),T03—切槽刀(宽 4mm),T04—螺纹刀。

3. 程序编制

(1) 使用 FANUC 0i Mate-TC 系统编程

| O0001; | 程序名 |

G98G21;	分进给　公制尺寸
M03 S600;	转数600r/min
T0101;	换1号外圆车刀
G00 X42.0 Z0;	
G001X-1.0 F100.0;	车端面
Z2.0;	
G00 X42.0;	
G71 U2.0 R1.0;	粗车循环
	U:每次背吃刀量单边2mm, R:退刀量单边1mm
G71 P100 Q200 U1.0W0F100.0;	
N100 G01 X0.0 ;	轮廓程序
Z0.0;	
G03 X22.0Z-11.0R11.0;	
G01 Z-20.0;	
X25.0;	
X30.0 Z-40.0;	
X34.0;	
X38.0 Z-42.0;	
Z-80.0;	
N200X40.0;	
G00 X100.0;	X向退刀
Z100.0;	Z向退刀
M05;	主轴停止
M00;	程序暂停
M03 S1000;	1000r/min
T0202;	2号外圆精加工车刀
G00 X42.0 Z2.0;	快进到外径精车循环起刀点
G70 P100 Q200 F60.0;	P100:精加工第一程序段号, Q200:精加工最后程序段号
G00 X100;	X向退刀
Z100;	Z向退刀
M05;	主轴停止
M03 S300;	转数300r/min
T0303;	换3号切槽刀, 刀宽4 mm
G00 X45.0;	快进到切槽起点
Z-68.0;	
G75R0.1;	切槽循环 R0.1:退刀量0.1mm
G75 X30.0 Z-64.0 P1000 Q3000 F20.0;	X30.0 Z-64.0:切槽终点处坐标, P1000: X方向每次切深量1mm, Q3000: 刀具完成一次切深Z方向偏移量3mm

G00 X50.0;	X向退刀
Z-62.0;	Z向退刀
G01X38.0F30.0;	倒角
X34.0Z-64.0;	
X45.0;	
G00X100.0;	X向退刀
Z100.0;	Z向退刀
M05;	主轴停止
M03 S300;	转数300r/min
T0404;	换4号螺纹车刀
G00 X40.0 Z-34.0;	快进到第一螺纹加工起点
G92 X37.0 Z-63.0 F3.0;	加工螺纹
X36.5;	
X36.2;	
X36.05;	
G00 X40.0 Z-35.5;	快进到第二螺纹加工起点
G92 X37.0 Z-63.0 F3.0;	加工螺纹
X36.5;	
X36.2;	
X36.05;	
G00 X100.0;	X向退刀
Z100.0;	Z向退刀
M05;	主轴停止
M30;	程序停止

（2）使用华中 HNC-21/22T 系统编程

O0001	程序名
G94G21;	分进给　公制尺寸
M03 S600;	转数600r/min
T0101;	换1号外圆车刀
G00 X42.0 Z0;	
G001X-1.0 F100.0;	车端面
Z2.0;	
G00 X42.0;	
G71 U2.0 R1.0 P100 Q200	粗车循环
X1.0Z0F100.0;	U：每次背吃刀量单边2mm，R：退刀量单边1mm
G00 X100.0;	X向退刀
Z100.0;	Z向退刀
M05;	主轴停止
M00;	程序暂停
M03 S1000;	1000r/min

T0202;	2号外圆精加工车刀
G00 X42.0 Z2.0;	快进到外径精车循环起刀点
N100 G01 X0.0 F60.0;	轮廓程序
Z0.0;	
G03 X22.0Z-11.0R11.0;	
G01 Z-20.0;	
X25.0;	
X30.0 Z-40.0;	
X34.0;	
X38.0 Z-42.0;	
Z-80.0;	
N200X40.0;	
G00 X100.0;	X向退刀
Z100.0;	Z向退刀
M05;	主轴停止
M03 S300;	转数300r/min
T0303;	换3号切槽刀，刀宽4mm
G00 X45.0;	快进到切槽起点
Z-64.0;	
G01X30.2F30.0;	
X45.0;	切槽
G00 Z-66.0;	
G01X30.2F30.0;	
X45.0;	
G00 Z-68.0;	
G01X30.0F30.0;	
Z-64.0;	
X50.0;	
G00Z-62.0;	
G01X38.0F30.0;	倒角
X34.0Z-64.0;	
X45.0;	
G00X100.0;	X向退刀
Z100.0;	Z向退刀
M05;	主轴停止
M03 S300;	转数300r/min
T0404;	换4号螺纹车刀
G00 X40.0 Z-34.0;	快进到螺纹加工起点
G82 X37.0 Z-64.0C2P180 F3.0;	加工螺纹
G82 X36.5 Z-64.0C2P180 F3.0;	

G82 X36.2 Z-64.0C2P180 F3.0;	
G82 X36.0 5Z-64.0C2P180 F3.0;	
G00 X100.0;	X 向退刀
Z100.0;	Z 向退刀
M05;	主轴停止
M30;	程序停止

(3) 使用 SINUMERIK 802D 系统编程

主程序：	
ABC123.MPF	程序名
G90G94G71;	绝对编程 分进给 公制尺寸
M03 S600;	转数600r/min
T01D01;	换1号外圆车刀
G00 X42.0 Z0;	
G001X-1.0 F100.0;	车端面
Z2.0;	
G00 X42.0;	
CYCLE95（SPF01，2，0， 0.5,0.5,100，50,60,2,0,0,0.5）；	粗车循环
G00 X100.0;	X 向退刀
Z100.0;	Z 向退刀
M05;	主轴停止
M00;	程序暂停
M03 S1000;	1000r/min
T02D01;	2号外圆精加工车刀
G00 X42.0 Z2.0;	快进到外径精车循环起刀点
CYCLE95（SPF01，0.5，0， 0,0,100,50,60,6,0,0,0.5）；	精车循环
G00 X100.0;	X 向退刀
Z100.0;	Z 向退刀
M05;	主轴停止
M03 S300;	转数300r/min
T03D01;	换3号切槽刀，刀宽4mm
G00 X45.0;	快进到切槽起点
Z-64.0;	
G01X30.2F30.0;	切槽
X45.0;	
G00 Z-66.0;	
G01X30.2F30.0;	
X45.0;	

G00 Z-68.0;	
G01X30.0F30.0;	
Z-64.0;	
X50.0;	
G00Z-62.0;	
G01X38.0F30.0;	倒角
X34.0Z-64.0;	
X45.0;	
G00X100.0;	X向退刀
Z100.0;	Z向退刀
M05;	主轴停止
M03 S400;	转数400r/min
T04D01;	换4号螺纹车刀
G00 X50.0 Z-30.0;	快进到螺纹加工起点
CYCLE97 (3, 0, -40, -62, 38,38,5,3,0.975,0,30,0,4,2,3,2)	螺纹切削循环
G00 X100.0;	X向退刀
Z100.0;	Z向退刀
M05;	主轴停止
M30;	程序停止

子程序：

SPF01.SPF	子程序名
G01X0;	
Z0;	
G03X22.0Z-11.0CR=11.0;	
G01Z-20.0;	
X25.0;	
X30.0Z-40.0;	
X34.0;	
X38.0Z-42.0;	
Z-80.0;	
M17;	子程序结束

四、数控车床编程试题

1. 加工如图 4-35 所示零件

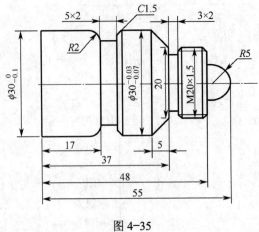

图 4-35

2．加工如图 4-36 所示零件

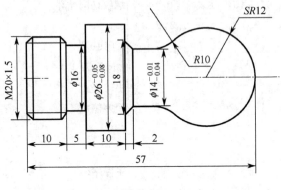

图 4-36

3．加工如图 4-37 所示零件

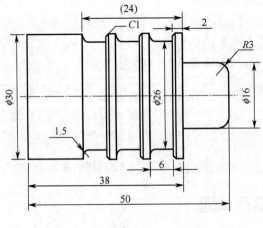

图 4-37

4. 加工如图 4-38 所示零件

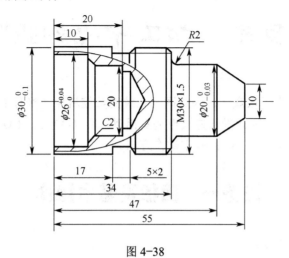

图 4-38

5. 加工如图 4-39 所示零件

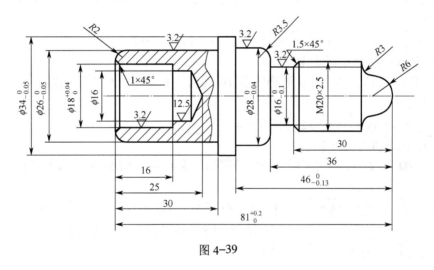

图 4-39

项目五　加工中心的操作

由于数控机床的生产厂家众多，因此同一系统的数控机床的操作面板各不相同，但由于同一系统的系统功能相同，因此操作方法也基本相似。现以我校的 HAAS—VF-3 型加工中心为例，来说明数控铣床及加工中心的基本操作方法。

任务一　面板及基本操作

一、操作面板介绍

面板由功能开关、显示屏、警示灯和触摸键盘组成。

1. 功能开关

① **POWER ON** 与 **POWER OFF**：机床电源的开、关键。

② **SPINDLE LOAD** 是主轴负载表。

主轴在切削加工时，负载表上的指针在 100%以下主轴可正常工作，超过 100%则需想办法降低主轴负载。

③ **EMERGENCY STOP** 是急停开关。

④ **HANDLE** 是电子手轮。

可在 **HANDLE JOG** 方式下用于坐标轴移动，也可用于 **EDIT** 状态下的光标移动，还能作为程序加工中的调速旋钮。

⑤ **CYCLE START** 和 **FEED HOLD** 按钮：在 **MEM** 或 **MDI** 方式下，按动 **CYCLE START** 按钮，可启动程序进行加工。在加工中，按动 **FEED HOLD** 按钮，可使各坐标轴的运动暂停，直到再按下 **CYCLE START**，才继续执行。

2. CRT 显示屏

能根据操作者的要求显示程序、坐标等界面，由触摸键中的 **DISPLAY** 组键（共 8 个）来选择显示方式。

3. 指示灯

指示灯由绿灯和红灯组成，绿灯亮表示程序在正常运行；绿灯闪烁表示程序正常结束、进给暂停或单步运行结束；红灯闪烁则有报警，需消除。

4. 触摸键

触摸键在操作面板的右下部，由 10 组触摸键组成，共 131 个键，如图 5-1 所示。触摸键每按动一次，会在屏幕上显示其功能，且伴随"嘟"的一声，以确认按下。

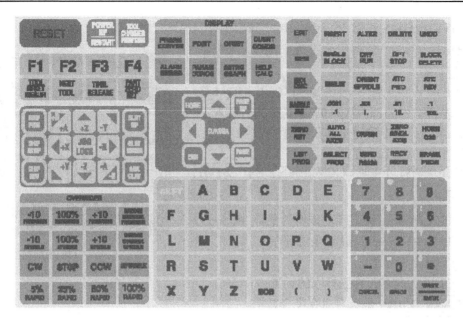

图 5-1 触摸键

① **RESET** 用于停止程序、中断各个运动及电机运行（如关冷却等），同时还可消除报警，把光标从程序中移动到程序头等。

② **POWER UP/RESTART** 用于启动伺服电机，在开机时可使机床回零点并把一号刀置入主轴，另外在 ZERO RET 的显示下并消除报警后，按此键可使系统初始化。

③ **TOOL CHANGER RESTORE** 用于更换刀具期间，如果刀库碰到障碍，可以恢复刀库到普通操作形式。同时立刻将屏幕切换到帮助界面。

④ "**F1**"～"**F4**"用于编辑操作、图形缩放、后台编辑以及帮助/计算器等功能。

⑤ 如图 5-2 所示的 4 个 TOOL 参数键用于设置刀具长度补偿、工作坐标系

⑥ 坐标轴移动键及选择附件功能键（图 5-3）。

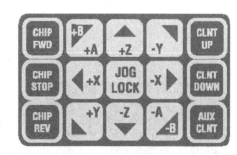

图 5-2 Tool 参数键　　　图 5-3 坐标及附属功能键

+X、**-X** 可用于选取 X 轴坐标值，**+Y**、**-Y** 选 Y 轴，**+Z**、**-Z** 则是选 Z 轴。若先按中间的 **JOG LOCK** 键，再按上述各坐标键，则相应坐标将连续移动，而不必一直按坐标键。其运行的速度由手轮点动速率键来控制。此时按"JOG LOCK"或"RESET"可停止。

A/B 指第 4、第 5 轴（附件），标有"CHIP"字样的三个键与标有"CLNT"字样的三个键分别是自动收集铁屑、冷却管自动移动的选项（附件）。

⑦ OVERRIDES 组有 15 个键，用于强制执行程序运行中的调速（图 5-4）。

全速运行（G00）的调速分四挡：|100%|、|50%|、|25%|、|5%|。

对于进给 F 和主轴 S 的速度，以编程中的|+10|%或|−10|%来调节，例如按两次|+10|%就是按20%来调节；也可按 1%来调节，方法是先按右边的手轮控制按钮，再转动手轮以 1%调节速度。

|CW|是顺时针开主轴，|CCW|则是逆时针。|STOP|为停止主轴。

⑧ DISPLAY 是各种显示功能键的集合（图 5-5）。

|PRGRM CONVRS|是显示当前程序。

|POSIT|是坐标显示。

|OFSET|是刀具和工件坐标系的设置。

|CURNT COMDS|是当前命令集合显示。

|ALARM MESGS|是报警显示。

|PARAM DGNOS|是参数和诊断显示。

|SETNG/ GRAPH|是机器参数设置与程序模拟运行显示。

|HELP/ CALC|是帮助和计算器的功能显示。

图 5-4 OVERRIDES

⑨ 光标区。光标区的按键具有移动光标及翻页的功能（图 5-6）。

|PAGE UP|用于向前翻页。

|PAGE DOWN|用于向后翻页。

|HOME|翻到第一页。

|END|翻到最后一页。

图 5-5 DISPLAY　　　图 5-6 光标区

⑩ 字母与数字区用于输入各种字符（图略）。

字母、数字区的具体使用和计算机的键盘几乎相同，其中|EOB|（end of block）是程序结尾的符号，|CANCEL|是删除，|SPACE|是空格，|WRITE/ENTER|表示写入。|SHIFT|用于选用

同一按键上的另一字符。

⑪ 操作方式选择的按键组。有6种操作方式（图5-7）。

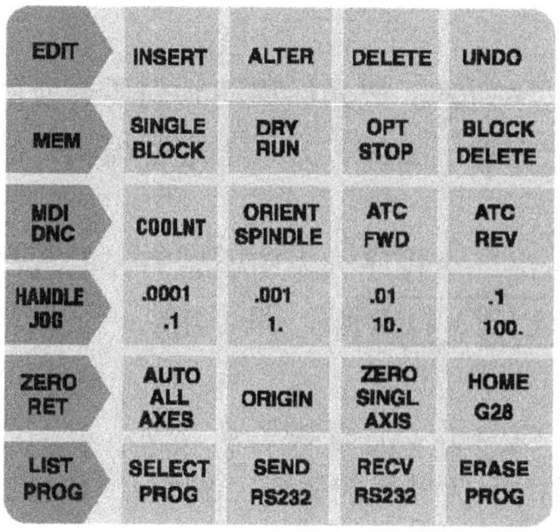

$\boxed{\text{EDIT}}$ 编辑方式。包括 INSERT（插入）、ALTER（修改）、DELETE（删除）和 UNDO（取消）按键。

$\boxed{\text{MEM}}$ 程序存储加工方式,包括单步运行、干运行、选择停和取消程序段按键。

$\boxed{\text{MDI/DNC}}$ 有两个功能,按此键一次是 MDI 功能,按两次是 DNC 功能。MDI 即手动直接输入,可如执行一个程序一样执行短小的命令,DNC 则是远程直接数字控制,即可由远端计算机传递程序进行控制加工。后面的 COOLNT 是开冷却,ORIENT SPINDLE 则可使主轴旋转到一个指定的位置并锁住,ATC FWD 是向前换刀的按键,ATC REV 向后换刀。

图 5-7 方式选择按键组

$\boxed{\text{HANDLE JOG}}$ 是用手轮移动各坐标轴。实际操作时,可先选择要移动的轴,方法是按字母区的坐标字母,再按 $\boxed{\text{HANDLE JOG}}$ 键,转动手轮就可移动相应的坐标轴了,右边的 4 个键可选移动速率;也可先按 $\boxed{\text{HANDLE JOG}}$,再通过 $\boxed{+X}$、$\boxed{-X}$、$\boxed{+Y}$、$\boxed{-Y}$、$\boxed{+Z}$、$\boxed{-Z}$ 确定想选的轴,移动手轮即可。

$\boxed{\text{ZERO RET}}$ 是置零键。使相应坐标轴回零点。

$\boxed{\text{LIST PROG}}$ 是程序列表,包括选取一个程序、发送程序、接收程序和删除程序的按键。

二、操作步骤

1. 开机操作

开机前要观察润滑油箱的油位（油位应高于底线标记）,冷却液箱的液位（满 2/3 箱体）,空气压力及供气状况（应能够在 6.9 个大气压下以 113L/min 的标准供气）。

检查电源,首先要确认机床的电柜已供电（实验室的电源柜开关是否打开,墙上的电源盒是否合上）,观察电网电压（应满足 AC 在 380V±10%内）,再合上机床电柜的电源开关,然后按动操作面板左上方绿色的 $\boxed{\text{POWER ON}}$ 来接通电源。

强电接通之后,松开急停开关,用 $\boxed{\text{RESET}}$ 解除报警,按 $\boxed{\text{POWER UP/RESTART}}$,机床自动回零（此时应开门）,并同时把 1 号刀装入主轴。

2. 移动工作台

开机后,机床回零点到达了一个极限位置,要在工作台上安装夹具与工件,则需移动工作台到合适的位置,操作方法有三种。

方法一：按 $\boxed{\text{HANDLE JOG}}$ 按钮,再按坐标轴移动键（$\boxed{+X}$ 等）,然后选择移动速率 $\boxed{.001}$、$\boxed{.01}$、$\boxed{.1}$、$\boxed{1}$,转动手轮（顺时针正向、逆时针负向）移动工作台。

方法二：按字母键 $\boxed{X}$（或 $\boxed{Y}$、$\boxed{Z}$）选坐标轴,再按 $\boxed{\text{HANDLE JOG}}$ 按钮,然后选择移动速率,转动手轮（顺时针正向、逆时针负向）移动工作台。

方法三：先按 $\boxed{\text{JOG LOCK}}$ 键,再选择 $\boxed{+X}$（或 $\boxed{-X}$、$\boxed{+Y}$、$\boxed{-Y}$、$\boxed{+Z}$、$\boxed{-Z}$）,则使相应坐标

轴按指定的方向连续运行，而不必一直按坐标键。其运行的速度由手轮点动速率键来控制。按 JOG LOCK 或 RESET 可随时停止移动。

3. 编辑程序

打开一个已存在的程序，需先按 LIST PROG 打开程序列表，把光标移动到想要选取的程序号上，按 SELECT PROG，就可选取一个程序，可把它置于 EDIT 方式下进行编辑，也可在 MEM 方式下启动加工。

若要建立一个新程序，需在 LIST PROG 方式下，给出一个程序列表中不曾有过的程序号（例如，按 O54321，字母 O 和 5 位数字），再按 WRITE/ ENTER 键，即可建立一个新程序，进入 EDIT 方式可进行新程序的编辑。

如果想将程序保存在系统中，避免其他使用者删除，或为了今后查找起来方便，可在程序号之后，用括号将一些识别符括起来，程序加工时并不执行括号里的语句。例如：O54321（SHU011ZHAOYAN），拼音"数 011 赵岩"在运行程序时并不作为指令。

4. 模拟运行

编辑好的程序在投入加工运行前，或想了解不熟悉程序的加工形状时，可以进行"模拟运行"，检查、观察程序的运行轨迹。

先确认当前程序，选择 MEM 方式，再按两次 SETNG/ GRAPH 键，出现一个模拟运行框，然后按程序启动按钮 CYCLE START，则会显示程序运行轨迹。

模拟运行也可选择 SINGLE BLOCK 单步运行方式，以便能看清每一句程序的执行效果。

模拟运行时，F1、F2、F3、F4 的辅助功能可在屏幕上的说明中选择。F1 是 HELP 功能，F2 是 ZOOM 视区选择，F3 是 POSITION 位置显示，F4 则为程序语句的显示。在视区选择时，用光标移动键来移动视区框，用 PAGE UP 和 PAGE DOWN 对视区进行缩放。

5. 夹具、工件安装

加工前，视工件的形状选择夹具，并校正紧固。例如：方方正正的工件，一般用平口钳或压板来固定。

如果选用平口钳，则要在工件下面放两块平行垫铁（或称平行块），工件放在平行块上紧固。夹具的使用常识与其它机加工的相同。

6. 刀具安装

安装刀具前要先在钳台的锁刀器上安装刀柄，然后再把刀柄装于主轴。安装时，主轴所对刀库的号数就是此把刀的刀号。

工作坐标系的建立在以后的实验中介绍。

7. 程序运行

运行程序实现加工，只要在 MEM 方式下，按 CYCLE START 键，程序就自动运行了。

程序运行期间不能切换到其它方式,只有程序结束，或按 RESET 才行。按 SINGLE BLOCK，程序可一句一句地执行，每执行完一句，需再按一次 CYCLE START，才进行下一句。

如想查看加工质量，则可按 FEED HOLD ，程序暂停，拉开门观察。程序运行期间，一旦开门，则程序将暂停，只有在关门后重按 CYCLE START ，程序才继续下去。

OVERRIDES 组的调速键，只有在程序运行时才有效。

8．关机

按红色的 POWER OFF 按钮，可以立即关机。

在关机前，最好把工作台移到中间的位置，Z 轴的刀具抬高。要在程序执行结束后再按 POWER OFF 关机，碰上突发的意外情况，按急停开关，而不要按 POWER OFF 。

任务二　编程指令与程序结构

一、数控程序

1．程序开始

在 HAAS 立式加工中心上，程序的第一行（First Line）也称第一句（Block），应是刀具号与更换刀具的命令。

第二行包括绝对坐标（G90），工作坐标系设置（G54），全速运行（G00）到指定的 X、Y 的坐标位置，主轴转速的设置（S____）及顺时针转动的指令（M03）。

接着一行将读取刀具长度补偿（G43），一个刀具长度设置地址（如 H01），Z 坐标位置，以及开冷却的命令（M08）等。

对程序中更换的每一把刀具，都应有上述类似的指令过程。

主轴转速的设置（S____）及顺时针转动的指令（M03），也可在独立的一行。

下面就是的一段加工程序：

```
T01 M06;
G90 G54 G00 X0.5 Y-1.5 S2500 M03;
G43 H01 Z1. M08;
```

不同的顺序也可执行同样的命令，如下例：

```
M06 T01;
G00 G90 G54 X0.5 Y-1.5;
S2500 M03;
G43 Z1. H01 M08;
```

由上面的加工程序，我们可看出，其加工内容都是由给定的代码组成的，最多的是 G 代码和 M 代码，除此以外，还有 T、S、F、H、D、R 等表示功能的代码，表示坐标位置的数字与"+"、"−"号，以及坐标代码 X、Y、Z、I、J、K 等（如果有第四、五轴，则以 A、B 表示）。

2．常用的功能代码

（1）准备功能

准备功能即 G 功能，HAAS 加工中心的 G 功能有 100 多项，其中有一些是可选择的（参见附录 B）。最基本的列出如下：

G00、G01、G02、G03，
G28，
G40、G41、G42，
G43、G49，
G54，
G80、G81、G82、G83、G84，
G90、G91，
G98、G99。

在代码的理解和使用之前，应了解一些规定：

① 代码都出自代码组，每组代码都有其特定的组号。上述 G 代码中的每一行都是一个组别。

② 同组的 G 代码不能出现在程序的同一行，一个 G 代码可以被同组的另一个 G 代码取代。

③ 一旦建立了模态 G 代码，则一直有效，直到它被同组的其它代码所取代。

④ 非模态 G 代码，只是对它所在的那一行程序有效，执行之后就被取消了。

若要编制有效的程序，则必须记住代码成组的概念和上面的规定。

（2）辅助功能

辅助功能即 M 功能，书后的附录 B 中也列出了 HAAS 系统的 M 功能。常用的 M 代码有：

M00、M01、M02，
M03、M04、M05，
M06，
M08、M09，
M30，
M97、M98、M99。

上面列出的 M 代码，每一行都有相近的含义。一般来说，在程序中的 M 代码，每一句只能出现一个。而且，无论你它放在什么位置，M 代码都是程序执行的最后一项。

（3）刀具功能

刀具功能即 T 功能，程序中它总是和 M06 连在一起使用，表示换刀的指令。T 后面的数字是刀号。

（4）S 功能

S 表示主轴的转速，后面的数字表示 rpm，即每分钟多少转，可从 1~9999 范围内选取。S 和 M03 或 M04 一起使用。

（5）F 功能

F 表示坐标轴移动速度，表示每分钟移动多少 mm（或英寸），在 1~999 内取值。F 常跟在 G01、G02 等加工指令的后面。

2. 代码的默认设置

HAAS 机床在接通电源后，你也许会发现机床有工件坐标系（G54）原点，而你还没设置

呢。那是因为 G54 是默认的,这是上一次的设置,一开机,控制器自动读出 G54。能自动读出的 G 代码有:G00、G17、G40、G49、G54、G64、G80、G90、G98

你也可以按 **CURNT COMDS**,使其在当前命令集合显示按钮中显示出来。

速度(F 代码)没有默认设置。但是,一个 F 代码一旦被编进程序,它将一直保持,直到输入另一个 F 或关机。

3. 程序格式

程序格式是 CNC 机床所要求的,编程人员要把代码写在正确的位置,才能使程序有效、一致。好的程序员有自己的习惯,形成不易出错的编程步骤。

X、Y、Z 一般在开头的位置,虽然控制器可以读出任何位置的 X、Y、Z,但为保持一致性,一般 X 在前,Y 第二,Z 第三。

一些功能代码,都有固定的组合形式,不容更换。如 T 与 M06,G41 与 D,G81 与 X、Y、Z、R、F 等。

前面列出的程序开头,也是好的程序格式,不易出错的格式。

程序结束的语句,一般是:

退出刀具补偿(**G401、G49**)、取消循环指令(**G80**);(不把指令带入下个程序)

G00 Z＿＿＿;(提刀到安全高度)

M30;(程序结束,光标返回程序头)

4. 加工运行指令

让坐标轴运行的指令有 4 个:G00、G01、G02 和 G03。

G00 全速运行,不用于加工,其运行轨迹如图 5-8 所示。

起始点坐标(-3.0,-1.0)。

在指令"**G00 X2.25 Y1.25 F100.**;"的作用下,控制器将沿图中虚线所示轨迹进行移动。即先沿 45°方向移动到点(-0.75,1.25),再沿水平的 X 轴移动到点(2.25,1.25)。快速走了一条折线。

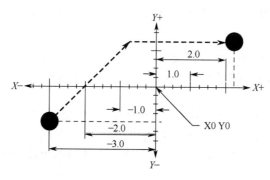

图 5-8 运行轨迹示意图

坐标轴运行,加工任意的空间曲面,刀具与工件切削接触,其指令就是由 G01、G02、G03 构成的。

G01 后可跟 X、Y、Z(或其中的一项或两项),通常还有 F 指令。仍以上图为例,起点与终点间的运行轨迹是连接两点间的直线,而非折线,运行速度由 F 给定。

G02 和 G03 是圆弧运行指令。G02 为顺时针圆弧，G03 则是逆时针。后面的坐标和 F 值与 G01 的用法一样，只是多出圆弧半径 R（或圆弧起点与圆心距离 I、J、K）。

G02 与 R 连用时，不考虑圆心位置。一般用于小于等于 180°的圆弧。当 R 以负值代入时，表示小于 360°但大于 180°的圆弧。

在给出圆心位置或运行整圆时，则需输入 I、J、K（X、Y 平面内用 I、J）。I、J、K 的含义是：起点到圆心的矢量距离，I、J、K 分别对应 X、Y、Z 轴，见图 5-9。

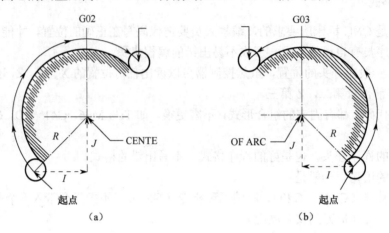

图 5-9

图 5-9a 中的起点坐标为（-5.0，-5.0），终点坐标（5.0，5.0），圆心坐标（0，0）。程序是：

```
G00（或G01等）X-5.0  Y-5.0;
G02  X5.0  Y5.0  R7.07;
```

或：

```
G00（或G01等）X-5.0  Y-5.0;
G02  X5.0  Y5.0  I5.0  J5.0;
```

图 5-9b 中起点坐标为（5.0，-5.0），终点坐标（-5.0，5.0），圆心坐标（0，0）。程序是：

```
G00（或G01等）X5.0  Y-5.0;
G03  X-5.0  Y5.0  R7.07;
```

或：

```
G00（或G01等）X5.0  Y-5.0;
G03  X-5.0  Y5.0  I-5.0  J5.0;
```

注意：运行的圆弧半径是 R7.07，但实际留下的工件圆弧轮廓的半径小于 7.07，要去除一个刀具半径。

二、输入程序，并模拟运行

1. 编程并输入

① 根据图 5-10 所示的加工轨迹编制出程序。

② 建立一个自己的程序号，并加上说明。

③ 选择图 5-10 的某个程序进行输入，并模拟运行。输入程序时，G01 可输 G1，M03 可输 M3，X0.05 可输 X.05。但 M30 的"0"和 X50.的"."不可省。

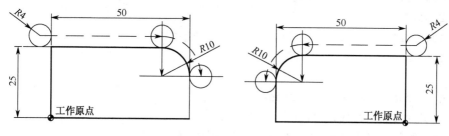

图 5-10

用绝对坐标和相对坐标编程：

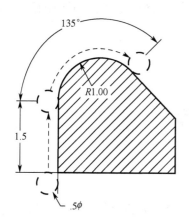
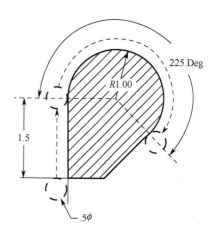

图 5-11

分别用 R 和 I、J 表示圆弧进行编程：

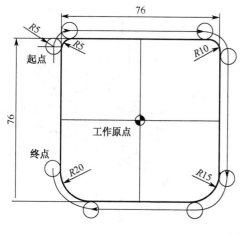
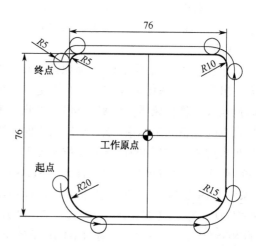

图 5-12

2. 考察程序运行方式

编程序：

```
G90  G00  G54  X0  Y0 ;
Z200;
G00  X150.  Y150. ;
G00  Z100. ;
```

与程序：

```
G90  G00  G54  X0  Y0  Z200;
G00  X150.  Y150.  Z100. ;
```

并输入运行，观察二者之间的运行之不同。说明哪种方式更好。

3. 观察程序结构

在 MDI 方式下，分别输入下面每句程序并单独运行，观察运行的先后顺序有何不同。

```
G90 G54 G00 X0.5 Y-1.5 S2500 M03;
X0.5 Y-1.5 G90 G54 G00 S2500 M03;
S2500 M03 G90 G54 G00 X0.5 Y-1.5;
```

任务三　对刀

一、机床坐标系

三轴联动的 HAAS 立式加工中心，其三轴指的是 X、Y、Z 三个轴。机床主轴轴线方向为 Z 轴方向，刀具远离工件的方向是 Z 轴正方向。X 轴位于与工件安装面相平行的水平面内，人体面对主轴的右侧方向为 X 轴正方向；Y 轴方向可根据 Z、X 轴按右手笛卡尔坐标系来确定，如图 5-13 所示。

有了坐标系，还要确定坐标原点。HAAS 机床在出厂时,在系统内建立了一个固定点作为机床原点（也称机床零点或参考点），以此点为坐标原点的是机床坐标系。X、Y 轴的正向极限点是机床的原点，Z 轴的机床原点位于换刀的高度位置上。机床开机并启动 **POWER UP/RESTART** 键后，三个坐标轴会执行自动"回零"，此时在 CRT 显示屏上，若选择 DISPLAY 区的 **POSIT** 方式，会发现 MACHINE 下的 X、Y、Z 都为"0.000"，如图 5-14 所示：

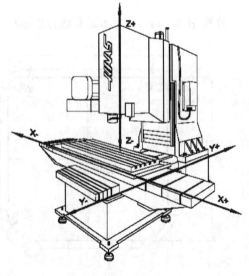

图 5-13

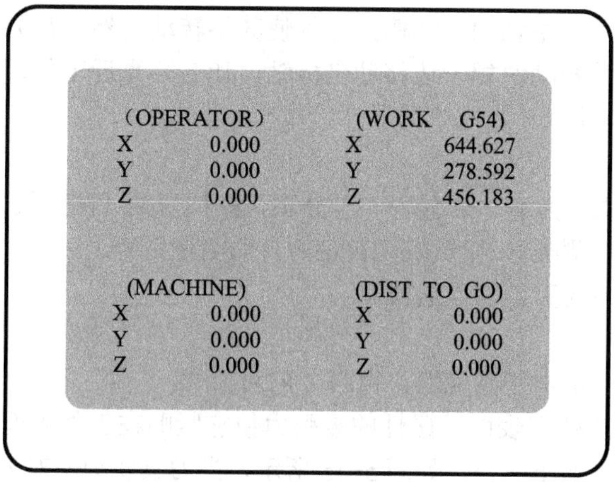

```
(OPERATOR)              (WORK   G54)
X      0.000         X      644.627
Y      0.000         Y      278.592
Z      0.000         Z      456.183


(MACHINE)               (DIST TO GO)
X      0.000         X      0.000
Y      0.000         Y      0.000
Z      0.000         Z      0.000
```

图 5-14

二、工作坐标系

图 5-14 中的界面有四组显示，其中"WORK G54"就是工件的加工坐标系，也称为工作坐标系，随程序中选择的 G54～G59 指令，而对应显示其选项，"OPERATOR"是操作者自己的坐标系（通常与机床坐标相同，不另行设定），"DIST TO GO"是指程序中一句指令将要移动的距离。

程序中的坐标值均以工件坐标系为依据，执行程序加工前，必须首先设定工件坐标系，即确定刀具相对于工件坐标原点的移动距离，才能使编程坐标与加工坐标吻合，从而加工出所需轮廓形状。

工件坐标系中各个轴的含义与机床坐标系完全一样，按 ISO 国际标准的规定，X、Y、Z 的运动方向，均以刀具相对于工件运动为准，即假定工件相对静止，刀具运动。

工件坐标系的的原点可根据下列原则指定：

① 尽量与设计图纸相一致。
② 便于程序的编制。
③ 便于操作员寻找该点（即确定工件坐标系原点）。

三、工作坐标系的设定

设定工件坐标系可以用刀具试切的方法，或使用找正工具。

（1）试切法

刀具试切是在主轴上安装一把刀具，使刀具中、低速旋转，分别移动 X、Y、Z 坐标轴，让实际加工所用的刀具与工件接触，记下三个轴接触点的坐标值，再去除刀具半径的影响，就得到主轴轴线与工件的相对位置，以此作为与编程坐标系相一致的加工坐标系，并输入到 OFSET 显示的 G54 界面下所对应的 X、Y、Z。

上述确定工件坐标系的方法，具有方便、快速的优点，但不是很精密，并且工件上会留下切痕。

若不愿留下切痕,可在主轴加入芯棒,并且使其不转动,然后在刀具与工件间插入标准尺寸的块规或塞片,一边拉动块规一边移动坐标轴,让芯棒靠近工件,当块规不能拖动时,记下坐标,再去除芯棒半径。

(2) 使用工具对刀

找正器等工具的种类一般有:百分表、千分表、杠杆表等(测量类)、电子寻边器、对刀器、偏心轴、验棒等(目测类),以及机床自带的自动测量系统。

常用对刀找正工具有对刀器与寻边器。

1) 对刀器

对刀器是底面有磁性的电子感应器,也叫 Z 向对刀器。

先将其放于平整的工件上表面,磁性的吸引力使它紧贴在工件表面而不能移动,然后让刀具慢慢靠上对刀器的上面小平台,如图 5-15 所示,当刀具底刃与对刀器一接触,则其上的指示灯立刻亮起来,记下此时 Z 的坐标值,再减去其高度(50),就是工件坐标系的 Z0。

进入 OFSET 的 G54 一栏,移动光标,把 Z0 的机床坐标值输入进去。在屏幕左下方输入数据,之后用 F1 键就可把数值输入到 G54 的 Z 坐标里了。

对刀器是精密工具,其误差很小,一般只有 ±0.002mm。

2) 寻边器

寻边器也是电子感应器,其原理与对刀器一样。

寻边器一般由柄部和触头组成,如图 5-16 所示,柄部要像安装刀具一样安装在刀柄内,再把刀柄装入主轴。寻边器的触头是一个直径 Φ6 的钢球,中心与主轴中心绝对一致(其误差一般为 ±0.002mm)。

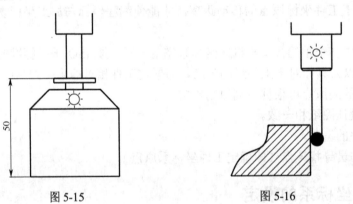

图 5-15　　　　　　　　图 5-16

工作台上的金属工件与触头一接触,就形成回路电流,内部电路产生光、电信号,指示灯亮。

使用寻边器确定工件坐标系的方法,本质上与试切法没什么不同。这种方法直观、精确,但要更换刀柄,并且对工件表面质量有一定要求。

由于对刀器、寻边器精度非常高,所以价格比较昂贵,有些场合也可用偏心轴代替使用。

3) 偏心轴

偏心轴由上、下两部分通过一弹簧连接,结合面是研磨过的,能紧密贴合并相对平行移动。上端为紧固端,下端是测量端,测量端直径一般为 Φ10。

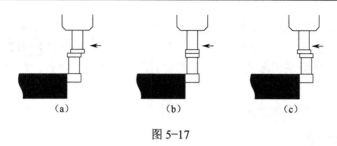

图 5-17

将偏心轴装入主轴，使其以中、低速旋转，让其逐渐逼近工件侧面，如图 5-17a 所示，此时下端是摆动的；在微动进给后，会相对静止（图 5-17b）；再进给，则又重新产生偏心（图 5-17c）。反复几次，可使定位精度在 0.001~0.005mm。

四、操作步骤

1. 工件安装

选择一个方形工件，安装在工作台上的平口钳中（平口钳应已校直并紧固），如图 5-18 所示，工件要保持与平行垫铁紧密接触。

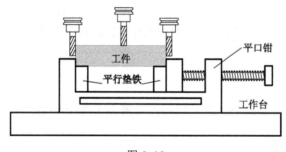

图 5-18

2. 安装刀具

准备好对刀所用的刀具，安装夹紧并放入主轴。

3. 主轴转动

在 MDI 方式下，手动输入"S800 M03"指令，关门并按 **CYCLE START** 键，使主轴转起来。

4. Z 轴对刀

切换到 HANDLE JOG 方式，拉开移门（注意主轴转速的变化），用手轮移动 Z 轴（接近工件表面时，用".001"的小挡位），使刀尖对正工件上表面（如图 5-18 中的中间位置），注意听切削声音以及注意看切削下的铁屑，一旦确认刀具已接触到工件上表面，则立即停止手轮的操作，并记下此时 Z 轴的坐标（机器坐标系）。

5. Z 轴置零

打开 DISPLAY 下的 OFSET 显示界面，利用光标 **PAGE UP** 或 **PAGE DOWN** 按钮翻页，

翻到 G54~G59 及 G110 等的显示页上,选择一个需要的代码(如果 G54 是别人选择的工作坐标系,你可选 G55、G56 等),把光标移到 Z 坐标上,按 F4 下面的 PART ZERO SET 按钮,则 Z 轴被置零(工作坐标系的零点)。回到 POSITION 显示坐标位置,你会发现工作坐标系的 Z 轴显示为零。

手轮顺时针旋转,把 Z 轴提起,使刀具离开工件。

6. X 轴对刀并置零

一般加工坐标系的 Z0 是在工件上表面,而 X、Y 轴的零点则依编程零点的不同而有所不同。下面是以工件的对称中心为零点的对刀方式。

当 Z 轴对零结束之后,则可观察工作坐标系的 Z 轴读数值,使刀具从工件侧面下到 Z0 以下 3mm 左右(保证不与工件碰撞),再使手轮转换到 X 轴,让刀具慢慢靠近工件侧壁,确认刀具与工件接触后,立即停止手轮,进入 OFSET 显示,光标移到 X 上,按 PART ZERO SET 按钮,使 X 轴置零,然后提刀。

注意:尽量不要移动 X,而是向 Z 的正方向提刀,这样的操作效果较好。

手轮转换到 Z 轴,提刀到工件表面之上,再移动 X 轴到另一侧,下刀对刀(参见图 5-18 刀具在左右位置的形式),待刀具与工件接触之后,记下此时的 X 坐标值,比如:X -89.987。然后提刀到工件表面上面,转动手轮移 X 到-44.994(-89.987 的一半),切换到 OFSET 的 G54 页面,光标移到 X 上,按 PART ZERO SET 按钮,则 X 轴的工作零点就在工件的左右中心位置。

7. Y 轴对刀置零

Y 轴的对刀过程与 X 轴相似,也可把零点设置在工件中心上。

五、操作练习题

练习 1.

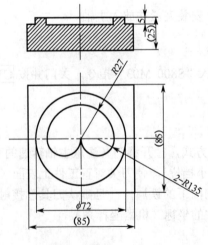

图 5-19

练习 2.

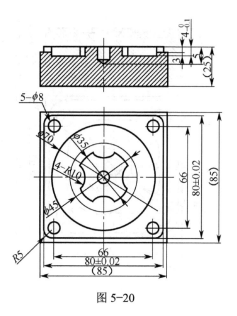

图 5-20

练习 3.

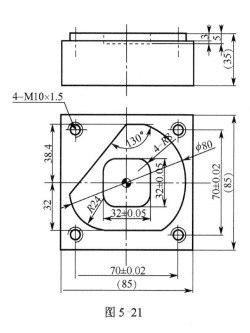

图 5-21

练习 4.

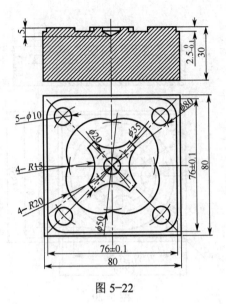

图 5-22

项目六 数控车床操作

同一系统的数控机床的操作面板尽管各不相同,但由于其系统功能相同,因此操作方法也基本相似。现以浙江凯达出产的 CK6136S 型数控车床为例,来说明数控车床的基本操作方法。

任务一 数控车床及刀具介绍

一、数控车床

CK6136S 型数控车床外形如图 6-1 所示。

图 6-1 CK6136S 型数控车床外形

本机床是采用微计算机控制和伺服电机驱动的数控车床,具有车削圆柱面、圆锥面、圆弧面、内孔、切槽以及加工各种螺纹(包括锥螺纹)等功能。数控系统编程采用 ISO 国际代码,键盘手动输入并配有 RS232 通信接口,设有断电保护和各种自诊断功能。

车床纵横向走刀用伺服电机驱动,精密滚珠丝杠传动。刀架为四工位,采用精密端齿盘定位,重复定位精度高。卡盘、尾座均为手动。主轴为变频无级调速。

机床操作面板各按钮及操作键说明见表 6-1。

操作面板由四部分组成:左上为显示屏、右上为输入键、中间是手动按钮、下面则是手轮及电源开关等。

表 6-1 机床按钮及操作键的说明

名 称	用 途
循环启动按钮	自动运行的启动
暂停按钮	自动运行中刀具减速停止
方式选择键	选择操作方式（六种方式）
快速进给键	手动快速进给
手动轴向运动按钮	手动连续进给，单步进给，轴方向运动
回零方式	返回参考点开关为 ON，且 JOG 方式时，为回零方式
快速进给倍率	选择快速进给倍率
单步进给量	选择单步一次的移动量
急停	机床紧急停止
机床锁住	调试方式时可以使机床锁住
进给速度倍率	在自动运行中，对进给速率进行倍率调整
手动连续进给速度	选择手动连续进给的速度
手摇轴选择	选择与手摇脉冲发生器相对应的移动轴
手轮移动量	用手摇脉冲发生器进给时，选择一刻度对应的移动量
主轴启动	手动主轴正转，反转启动，停止
主轴倍率	主轴倍率选择（含主轴模拟输出时）
冷却液启动	冷却液启动
润滑液启动	润滑液启动
手动换刀	手动换刀

二、刀具介绍

车刀（图 6-2）在结构上可分为：整体车刀、焊接车刀、焊接装配式车刀和机械夹固刀片车刀。

① 整体车刀：是由整块高速钢淬火，磨制而成的，俗称"白钢刀"，形状为长条形，截面为正方形或矩形，使用时可根据不同用途将切削部分修磨成需要形状。

② 焊接车刀：是在普通碳钢刀杆上镶焊硬质合金刀片或其它刀具材料的刀片，刀片可以多次重磨。

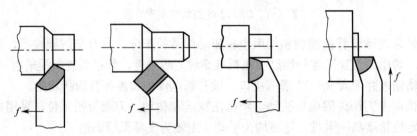

(a) 直头外圆车刀　(b) 45°弯头外圆车刀　(c) 90°弯头外圆车刀　(d) 端面车刀

图 6-2 常见几种车刀

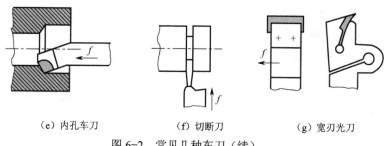

(e) 内孔车刀　　　　　(f) 切断刀　　　　　(g) 宽刃光刀

图 6-2　常见几种车刀（续）

③ 焊接装配式车刀：是将硬质合金刀片焊在小刀片上，再将小刀片装配到刀杆上，这种结构多用于重型车刀。

④ 机夹车刀：结构上采用机械夹固式，用钝后不需重磨只需将刀片转位，要求刀片夹固可靠。

常用刀片夹固结构（图 6-3）：

① 上压式；

② 锲块式；

③ 杠杆式；

④ 螺钉式。

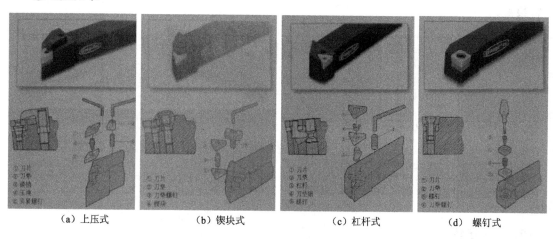

　　（a）上压式　　　　（b）锲块式　　　　（c）杠杆式　　　　（d）螺钉式

图 6-3　刀片夹固结构

任务二　手动、手轮操作

1. 手动返回参考点

在 CNC 机床上设有特定的机械位置，这个位置用于交换刀具及设定坐标系，称为参考点，通常接通电源后，使刀具移到参考点。建立机床坐标系。具体操作：①按下"回零"；②按住手动轴向运动开关"▨"直至到达参考点；③按住手动轴向运动开关"▨"直至到达参考点。

回到参考点后，返回参考点灯亮起，移出零点后灯灭。

几种必须回零的情况：

① 机床开机以后必须回零；
② 机床断电后运行机床必须回零；
③ 急停开关按下以后必须回零。

注意事项：
① 每次回零时在 X，Z 方向上都必须留有一段距离，当刀架离参考点很近时，不可以回参考点，否则将会出现超程报警；
② 回零时必须先 X 轴回零，然后 Z 轴回零。

2．手动操作移动刀具

使用机床操作面板上相应的键或手摇脉冲发生器，可使刀具沿各坐标轴方向移动。具体操作：
① 手动进给：按下"手动"，刀具则连续沿 X 或 Z 移动。
② 手动快速："手动快速"键按下有效时，手动快速指示灯闪烁发亮，无效时灯灭。

3．手轮进给

按下"手轮"按钮，摇动手轮，刀具将连续沿 X 或 Z 移动。

注意事项：手动/手轮移动刀具时，应注意刀具的实际位置，超出 X/Z 轴极限位置将出现超程报警。

任务三　手动辅助机能操作

1．手动换刀

"手动"/"手轮"方式下，按下"换刀"，刀架旋转，换下一把刀。

2．冷却液开关

"手动"/"手轮"方式下，按下"冷却"，同带自锁的按钮，进行"开→关→开……"切换。

3．主轴正转

"手动"/"手轮"方式下，按下"主轴正转"，主轴正向转动启动。

4．主轴反转

"手动"/"手轮"方式下，按下"主轴反转"，主轴反向转动启动。

5．主轴停止

"手动"/"手轮"方式下，按下"主轴停止"，主轴停止转动。

6．主轴倍率增加/减少

增加主轴倍率：按一次增加键，主轴倍率从当前倍率以下面的顺序增加一挡：50%→60%→70%→80%→90%→100%→110%→120%→120%→…

同时在 LCD 屏幕上显示主轴倍率的百分比。

减少主轴倍率：按一次减少键，主轴倍率从当前倍率以下面的顺序递减一挡：120%→110%→100%→90%→80%→70%→60%→50%→…

同时在 LCD 屏幕上显示主轴倍率的百分比。

7．手轮增量增加/减少

增加手轮增量：按一次增加键，手轮增量从当前值以下面的顺序增加一挡：0.001→0.01→0.1→0.1→…

减少手轮增量：按一次减少键，手轮增量从当前值减少以下面的顺序递减一挡：0.1→0.01→0.001。

任务四 MDI 方式、程序编辑及程序的模拟

一、MDI 方式

用 MDI 键盘输入程序指令，然后使机床按照这些指令运转，此功能称为 MDI 运行方式（图 6-4）。

具体操作：按下"录入"→"程序"→"下页"，查找输入具体程序（例如 S500 M03 T0101），按下"启动"。则主轴正转，转速 500，刀架移到 1 号位。

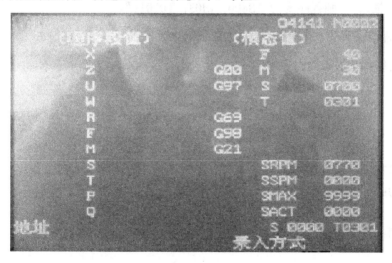

图 6-4 MDI 页面

二、程序编辑

1．新建程序

具体操作：按下"编辑"→"程序"，输入程序名（O8888），按下"插入"。

2．删除程序

具体操作：按下"编辑"→"程序"，输入程序名（O8888），按下"删除"。

3．查找程序

具体操作：按下"编辑"→"程序"，输入要查找的程序名（O8888），按下"下光标"。

4．字的插入

假如目前屏幕上显示的内容为"S800　M03　T0101；"则可将光标移到下画线指示位置，输入 M08 并按下"插入"，则程序变为"S800　M03　T0101　M08；"。

5．字的删除

假如目前屏幕上显示的内容为"S800　M03　T0101　M08；"则可将光标移到下画线指示位置，按下"删除"，则程序变为"S800　M03　T0101；"。

6．字的修改

假如目前屏幕上显示的内容为"S800　M03　T0101；"则可将光标移到下画线指示位置，输入 S600，按下"修改"，则程序变为"O8888　S600　M03　T0101；"。

7．程序换行

假如目前屏幕上显示的内容为"S800　M03　T0101；"则可将光标移至下画线指示位置，按按下"EOB/插入"，则程序变为"S800　M03；T0101；"。

8．字的查找

假如目前屏幕上显示的内容为：
G0　X50；
Z2；
G1X30；
Z0；
在光标现在位置输入 X30 并按下"下光标"，则程序光标移动如下：
G0　X50；
Z2；
G1　X30；
Z0；

三、程序的模拟

操作步骤一：依次按下"调试"→"H"→"F"→"X"，将机床锁住、辅助锁住、空运行开关打开，如图 6-5 所示。

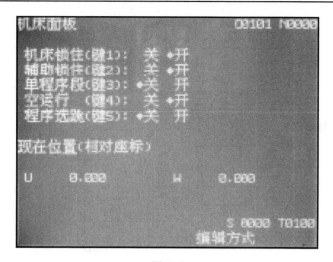

图 6-5

按下"设置",再按"下页",最后按"启动"。

操作步骤二(图 6-6):

① 按 S 键,则进入作图状态,"*"号移至"S:正在作图";
② 在自动/录入/手动方式下移动机床,绝对坐标改变时,对应的运动轨迹则会描述出来;
③ 按 T 键,则进入停止作图状态,"*"号移至"T:停止作图";
④ 按 R 键,则已绘的图形清除。

注意事项:

1. 在显示器的右上角为工件坐标值,图形轨迹是以此值绘出的。
2. 模拟程序时,首先要检查光标是否在程序开头。
3. 模拟程序中图形不出现时,应检查刀补值是否清零。

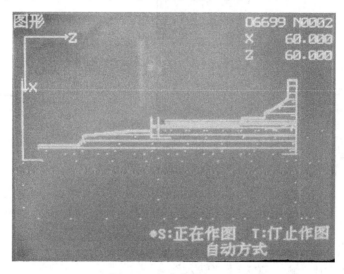

图 6-6 程序的模拟页面

任务五 对刀及自动加工

一、对刀

1. X 向对刀（图 6-7）

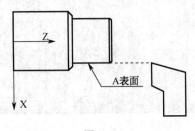

图 6-7

① 用手轮方式，沿 A 表面切削。
② 用手轮方式，沿 A 表面和虚线退出，主轴停止转动。
③ 测量出所切削表面的直径值（假设直径为 Φ20.50）。
④ 按下"刀补"找到如图 6-8 所示页面，根据刀架上的刀号，对应输入直径值（若刀架在 1 号刀位置，则将光标移到 101，输入 X20.50 按下"输入"）。

2. Z 向对刀（图 6-9）

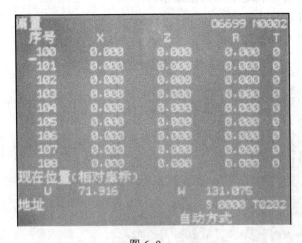

图 6-8

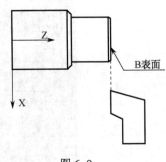

图 6-9

① 用手轮方式，沿 B 表面切削。
② 用手轮方式，沿 B 表面和虚线退出，主轴停止转动。
③ 将光标移到 101，输入 Z0 按下"输入"。

思考：比较说明对刀点、刀位点、换刀点的概念。

二、自动加工

① 找到所要加工的程序名；
② 编辑方式下将光标移到程序的开头；
③ 在"录入"方式下输入 T0101，按下"启动"，检查刀具位置与绝对坐标值是否对应。
注意事项：
① 加工前须检查刀补值是否正确；
② 加工前须检查光标是否在程序开头；
③ 加工过程中出现问题时，按下机床操作面板上的紧急停止按钮。

三、操作练习题

练习 1：

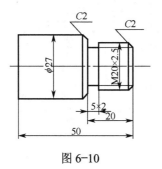

图 6-10

练习 2：

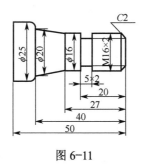

图 6-11

练习 3：

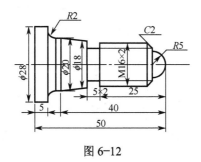

图 6-12

练习 4：

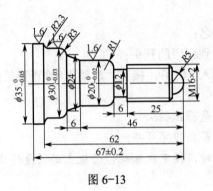

图 6-13

练习 5：

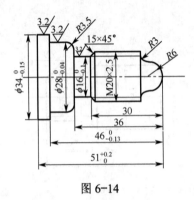

图 6-14

项目七 数控加工中心仿真教学系统的应用

任务一 仿真系统界面介绍

一、数控仿真系统

在数控编程与操作的传统培训过程中，所有的培训与操作都在实际机床上进行，这样做要求实训场所有相当数量的数控设备，然而很多学校由于设备少，培训人数多，人均占用机床时间少，导致实训效果及培训质量不佳。另外初学者常会因为对机床及各种数控系统不熟悉导致误操作，设备和人身事故时有发生。

目前，随着计算机技术的发展，数控仿真加工技术迅速产生、发展并得到普及。学生在上实际机床之前在计算机上人手一"机"地接受培训，这样既能使学生很快掌握数控编程及操作，又使培训安全可靠、成本降低。

当前，数控培训中使用的仿真软件较多，现以国家数控技能大赛指定仿真软件北京 VNUC 4.0 来介绍。

二、软件的启动、注册与关闭

1. 软件启动

（1）启动单机版软件

操作步骤如下：

① 在电脑并口上插上加密狗；

② 双击计算机桌面上的软件图标"VNUC 单机版"，或者依次单击 Windows 操作系统中的开始—程序—LegalSoft—VNUC4.0—单机版—VNUC4.0 单机版，就可进入 VNUC4.0 系统，如图 7-1 所示。

需要注意的是，如果启动软件时忘记插上加密狗，只能进入限制模式，这时，虽然可进入 VNUC 系统，但是不能执行加工操作。

（2）启动网络版服务器

双击桌面上的软件图标"VNUC 服务器"或依次单击 Windows 操作系统中的开始—程序—LegalSoft—VNUC4.0—网络版—SEVER—VNUC4.0 服务器，就可进入 VNUC4.0 系统。

只有服务器启动后，客户端用户才可进行操作，所以在客户端用户操作软件过程中，必须始终开着服务器端软件。

（3）客户端新用户注册

使用客户端软件的用户要先经过注册、授权后才能登录和使用软件。注册操作步骤如下：

① 双击计算机桌面上的软件图标"VNUC 网络版",或者依次单击 WINDOWS 操作系统中的开始—程序—LegalSoft—VNUC4.0—网络版—VNUC4.0 网络版,系统弹出如图 7-2 所示登录窗口。

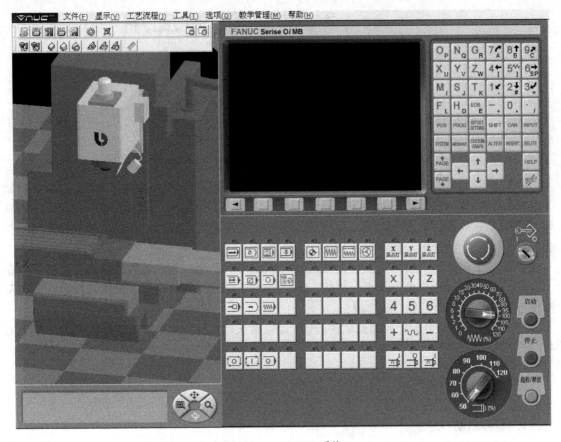

图 7-1　VNUC4.0 系统

② 单击登录窗口中的注册键,弹出如图 7-3 所示"注册用户"窗口。
③ 逐项填写各栏内容,然后单击"注册"键,注册窗口自动关闭。
④ 管理员授权后,用户便可在客户端登录。

图 7-2　登录窗口

图 7-3　注册窗口

(4) 启动客户端软件

服务器端软件启动后,就可以启动客户端软件了。操作步骤如下:

① 双击计算机桌面上的软件图标"VNUC 网络版",或者依次单击 WINDOWS 操作系统中的开始—程序—LegalSoft—VNUC4.0—网络版—VNUC4.0 网络版,系统弹出如图 7-1 所示窗口。

② 在"用户名"、"密码"栏分别输入名称和密码。然后单击图中"登录"键,就可打开 VNUC4.0 系统。

(5) 退出仿真系统

① 单机版和网络版客户端只需单击系统主菜单中的【文件】—【退出】,或按快捷 Ctrl+Q 并确认便可退出。

② 服务器的退出只需单击右上角的×,服务器便可自动关闭。

三、文件管理

1. 项目管理

在进行正式操作之前,可以建立一个新的项目。建立项目有两个作用:一是新建的项目会将这次操作所选的毛坯、刀具、数控程序等记载下来,以后要想加工同样类型的工件,只要打开这个项目略加修改,便可进行加工。二是当操作到一半时,如果想退出操作留到下次再加工,可将建立的项目加以保存,下次使用时打开这个项目,还可以接着上一次继续进行操作。

(1) 新建项目

单击菜单栏中的【文件】—【新建项目】,系统即建立了一个新项目。新建项目这个菜单命令与其它菜单命令不同,当按下它时,系统还会弹出对话框或其它信息提示,主窗口中看不到任何提示,但是该命令已经开始执行,新的项目已经自动建立了。

在建立新的项目前必须对上一个项目进行保存,否则上一次建立的项目将无效。

(2) 保存项目

单击【文件】—【保存项目】,在弹出的系统对话框中选择要保存项目的文件夹和路径,在文件名栏输入项目的名称。为方便管理多个项目文件,您可以在计算机上建一个统一的文件夹,以后所有的项目文件都保存在它下面。

(3) 打开项目

单击菜单栏【文件】—【打开项目】,在弹出的系统对话框中选择相应的文件。如果打开的是一个已经完成加工工序的项目,则主窗口中毛坯已经安装、工件坐标原点已设好,数控程序已经被导入,这时只需打开机械面板,按下开关键即可加工。如果打开的是一个未完成项目,则这时的主窗口内将显示上一次保存项目的样子。

2. 数控代码管理

(1) 保存数控代码

单击菜单栏中的【文件】—【保存 NC 代码文件】,在弹出的系统对话框内选择要存放零件的文件夹和路径,在文件名栏输入项目的名称。然后按下保存键即可。

(2)导入数控代码

单击菜单栏中的【文件】—【加载 NC 代码文件】,在弹出的系统对话框中选择相应的文件夹和文件即可。

3. 零件管理

在加工操作中,如果操作进行了一部分,因故不能继续加工时,您可以通过保存零件功能,将零件保存起来,下次再将其取出,继续进行加工。

(1)保存零件

单击菜单栏中的【文件】—【保存零件数据】,在弹出的系统对话框中选择要存放零件文件的路径和文件夹,在文件名栏输入项目名称(为方便管理可建立一个专门存放零件的文件夹),按下保存完成零件的保存。

(2)导入零件

单击菜单栏中的【文件】—【加载零件数据】,在弹出的系统对话框中选择相应的文件夹和文件即可。

四、机床操作界面介绍

1. 选择机床与数控系统

单击菜单栏【选项】—【选择机床和系统】,弹出如图 7-4 所示窗口,在该窗口中进行机床和系统的选择。在机床类型选项栏选择所用机床,在数控系统栏中选择所用系统。本例选用三轴立式加工中心,系统为 FANUC,此时在右边的机床参数栏自动显示机床的相关参数。单击确认按钮后弹出如图 7-5 所示仿真机床界面,界面左侧显示区显示三轴立式加工中心,右侧的数控系统控制面板切换成 FANUC-0I 操作系统。

图 7-4 机床和系统选择

项目七 数控加工中心仿真教学系统的应用

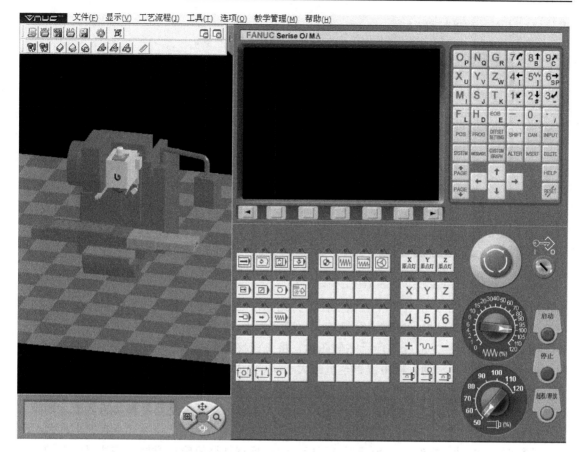

图 7-5 FANUC-0I 加工中心仿真界面

2．系统参数设置

单击【选项】—【参数设置】，按图 7-6 所示设置窗口参数，用户可以在这里设置核心速度、声音控制、目录设置、颜色设置等。

3．机床面板的隐藏和显示

菜单栏【选项】—【显示隐藏/显示数控系统】的作用是显示或者不显示主界面右侧的数控系统面板。VNUC 系统主界面的默认设置是左侧为机床加工显示区，右侧为数控系统面板，使用隐藏/显示数控系统可以更清楚地观看加工过程。再次单击此命令，返回原先界面。

4．隐藏和显示手轮

菜单栏【选项】—【显示/隐藏手轮】的作用是打开或关闭手轮。在默认状态下，手轮是不显示的，需要使用手轮时，可使用该命令使手轮出现在机床显示区左下方，如图 7-7 所示。不用时，再次单击该命令即可关闭手轮。

5．机床操作

通过如图 7-8（a）所示【显示】主菜单栏中的命令可以对界面左侧机床进行复位以及正、左、右等视图的选择。通过主界面上如图 7-8（b）所示一组图标可对显示机床进行扩大、缩小、局部放大、移动等操作。

图 7-6 参数设置　　　　图 7-7 机床手轮

扩大时，按下图 7-8（b）中右侧图标，将光标移动至机床任意处，按住鼠标左键，并向下拖动，或者向前滚动鼠标中键直至机床大小满意为止。

缩小时，按下图 7-8（b）所示右侧图标，将光标移动至机床任意处，按住鼠标右键，并向上拖动，或者向后滚动鼠标中键直至机床大小满意为止。

局部放大时，按下图 7-8（b）所示左侧图标，将光标移动至机床需放大部位，按下并拖动左键，随着鼠标的拖动，该部位周围出现一个小方框，方框内便是要放大的区域，调整区域大小后，松下左键，被选中区域即被放大。

旋转时，按下图 7-8（b）所示下方图标，将光标移动至机床任意处，按住鼠标左键，并拖动直至机床位置满意为止。

平移时，按下图 7-8（b）所示上方图标，移动机床到合适位置为止。

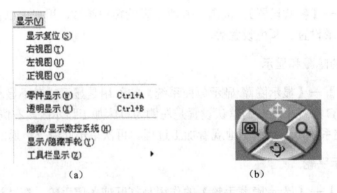

图 7-8 机床视图操作

五、刀具管理

1. 打开刀具库

选用机床类型为加工中心时，单击主界面菜单栏【工艺流程】—【加工中心刀具库】，弹出如图 7-9 所示刀具库界面。刀具库窗口左侧为刀具列表，右侧用于建立新刀具，建立的新刀具会自动添加到左侧的刀具列表中。刀具列表中的刀具可以安装到机床上去，也可以随时修改某些属性。

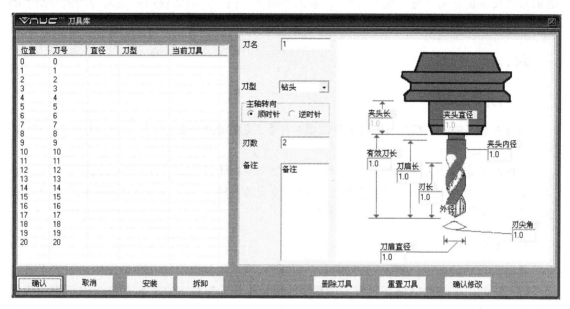

图 7-9　加工中心刀具库

2．建立和安装新刀具

在刀具库窗口的右侧，刀名这一项用来设置刀具名号。系统根据建立的刀具顺序给出默认的刀具名号码为 1、2、…用户也可根据需要设定刀号。

在"刀型"下拉单里可选择所需刀型。可供选择的刀型有：钻头、环形铣刀、端铣刀、铰刀、球刀、面铣刀。可根据要加工的零件工艺要求来选择。"主轴转向"一栏的默认设置是顺时针。"刃数"一栏的默认设置为 2 刃，可根据加工需要重新进行设置。新建刀具时，先在图 7-9 左侧界面选中刀具位置，在界面右侧可根据实际情况修改刀具的参数，设置完成后，按"确认修改"后刀具自动添加到刀具库。

3．修改刀具

在刀具库的刀具列表中选中要修改的刀具，在其窗口右侧修改刀具及其相关参数，单击"确认修改"，修改的内容被保存，单击"确认"键，窗口关闭。

4．删除刀具

在刀具库刀具列表中选中要删除的刀具，单击"删除刀具"键，该刀具就从列表中消失。

5．安装刀具

在刀具库的刀具列表中选中要安装的刀具，单击"安装"键，这时在当前刀具一栏里，这把刀的安装状态由否变成是，单击"确认"键，刀具库窗口自动关闭，同时主界面中的机床已被安装上了该刀具。

6. 拆卸刀具

在刀具库的刀具列表中选中要拆卸的刀具，单击"拆卸"键。这时在当前刀具一栏里，这把刀的安装状态由"是"变为"否"。单击"确认"键，刀具库窗口自动关闭，主界面中的机床上的刀具已被拆除。

六、毛坯管理

1. 打开毛坯库

当进入加工中心系统后，单击主界面菜单栏【工艺流程】—【毛坯】，就可以进入如图7-10所示的毛坯库。

毛坯库的窗口上方为毛坯列表，下方的各个按键用于建立新毛坯，建立的新毛坯都会自动添加到毛坯列表里。毛坯列表里的毛坯可以被安装到机床上也可以修改某些属性。在退出当前使用的数控系统后，毛坯列表会自动清空。

2. 新建毛坯

单击窗口中的新毛坯键，弹出如图7-11所示毛坯设置窗口。在窗口左侧可设置毛坯有关参数，右侧用于查看框里显示设置的情况。用户根据实际情况在左侧的参数对话框中设置相应的数值即可。

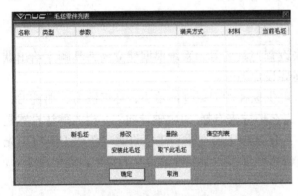

图 7-10 毛坯库

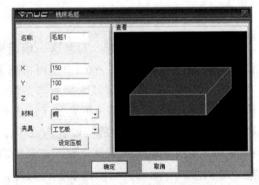

图 7-11 毛坯设置

在夹具下拉菜单中，有工艺板、压板、虎钳三种夹具。根据加工工艺的要求选择其中一种。

当选择工艺板作为夹具时，会弹出如图7-12所示的工艺板设置窗口。窗口上方为正视图和俯视图，显示毛坯和工艺板的位置情况。窗口下方用来设置工艺板尺寸和调整毛坯与工艺板的相对位置。工艺板的大小可以根据毛坯的尺寸自动生成，可以直接使用这些数据，也可以手工输入各项尺寸，单击位置调整中的上移、下移、左移、右移按键，可以使毛坯在工艺板上移动。完成工艺板设置后，单击"确认"键关闭窗口。

当选择了虎钳夹具后，会弹出如图7-13所示的虎钳设置窗口，窗口上方为正视图和俯视图窗口，显示了毛坯和虎钳的位置情况。窗口下方用来设置虎钳的尺寸和调整毛坯与虎钳的相对位置。虎钳的大小自动生成，可以直接使用这些数据，也可手工输入各项尺寸。单击位置调整中的上移、下移、左移、右移按键，可以使工件在虎钳上移动。完成虎钳设置后，单击"确认"键关闭窗口。

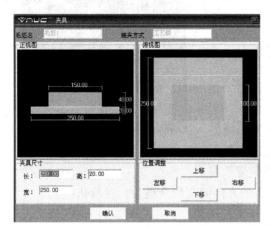

图 7-12 工艺板设置

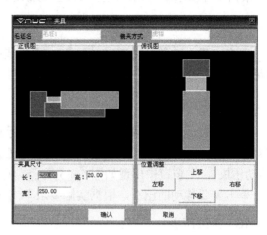

图 7-13 虎钳设置

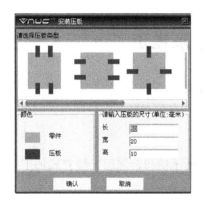

图 7-14 安装压板

当选择压板作为夹具后，单击"设定压板"，弹出如图 7-14 所示的安装压板窗口，窗口上方用来设定压板类型，下方右侧用于设定压板的尺寸。单击选中一种压板类型，然后可在下方尺寸对话框中设置其数值。单击"确认"键关闭毛坯窗口，返回毛坯库窗口。

3．安装毛坯

选中毛坯列表中要安装的毛坯，单击"安装此毛坯"键及"确认"键关闭毛坯库窗口，机床的工作台上被安装上毛坯。

4．修改毛坯

在毛坯库的毛坯列表中选中要修改的毛坯，单击"修改"键，弹出毛坯窗口，修改相关参数并确认。

5．删除毛坯

在毛坯库的毛坯列表中选中要删除的毛坯，弹出提示框询问是否删除该毛坯，单击"确认"，该毛坯从毛坯列表中消失。

6．拆除毛坯

拆除毛坯是将毛坯从工作台上取下。被取下的毛坯仍在毛坯列表里，还可以再次安装使用。拆除毛坯有两种方法。一是单击主界面菜单栏【工艺流程】—【毛坯】，打开毛坯库窗口，选中毛坯列表中要拆卸的毛坯。单击"取下此毛坯"键，弹出提示框问是否取下该毛坯，单击"确认"键。二是单击主界面菜单栏【工艺流程】—【拆除毛坯】，机床工作台上毛坯立刻拆除。

7．移动毛坯

单击主界面菜单栏【工艺流程】—【移动毛坯】，出现如图 7-15 所示的"调整位置"窗口。根据实际要求单击相应的方向键直到合适为止并确认。

8. 安装压板

单击主界面菜单栏【工艺流程】—【安装压板】命令即可。

9. 移动压板

已经安装毛坯后，可使用此功能来调整毛坯和压板的相对位置，操作步骤：单击主界面菜单栏【工艺流程】—【移动压板】，主窗口中出现如图 7-15 所示"调整位置"窗口，单击需要移动的压板，根据实际要求单击相应的方向键直到合适为止并确认。

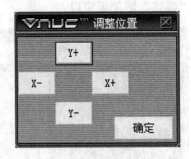

图 7-15　移动毛坯

10. 拆除压板

单击主界面菜单栏【工艺流程】—【拆除压板】，系统弹出提示对话框，询问是否确定拆除压板，单击"确认"键即可。

任务二　数控系统界面及坐标系设定

一、FANUC-0I 系统界面及工件坐标系设定

（一）FANUC-0I 系统界面介绍

单击菜单栏【选项】—【选择机床和系统】，弹出如图 7-4 所示窗口，选用三轴立式加工中心，FANUC-0IMA 系统。仿真界面切换至如图 7-16 所示。

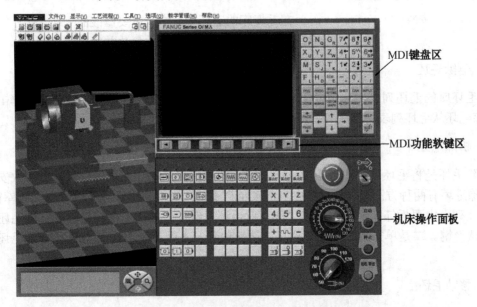

图 7-16　FANUC-0I 系统操作仿真界面

1. MDI 键盘区

键盘区功能及简要介绍如表 7-1 所示。

表 7-1 MDI 键盘功能表

名　　称	功　能　说　明
复位键 RESET	按下这个键可以使 CNC 复位或者取消报警等
帮助键 HELP	当对 MDI 键的操作不明白时，按下这个键可以获得帮助
地址和数字键 O_P	按下这些键可以输入字母，数字或者其它字符
切换键 SHIFT	在键盘上的某些键具有两个功能。按下此键可以在这两个功能之间进行切换
输入键 INPUT	当按下一个字母键或者数字键时，再按该键，数据被输入到缓冲区，并且显示在屏幕上。要将输入缓冲区的数据复制到偏置寄存器中等，也须按下该键。这个键与软键中的 INPUT 键是等效的
取消键 CAN	取消键，用于删除最后一个进入输入缓存区的字符或符号
程序功能键 ALTER、INSERT、DELETE	ALTER：替换键；INSERT：插入键；DELETE：删除键
功能键 POS PROG OFFSET SETTING SYSTEM MESSAGE CUSTOM GRAPH	按下这些键，切换不同功能的显示屏幕 其中 POS 显示刀具位置；PORG 显示程序；OFFSETSETTING 进入偏置/设置界面；SYSTEM 进入系统界面；MESSAGE 进入信息界面；CUSTOMGRAPH 进入用户宏屏幕
光标移动键	有四种不同的光标移动键： → 这个键用于将光标向右或者向前移动； ← 这个键用于将光标向左或者往回移动； ↓ 这个键用于将光标向下或者向前移动； ↑ 这个键用于将光标向上或者往回移动
翻页键 PAGE↑ PAGE↓	有两个翻页键： PAGE↑ 该键用于将屏幕显示的页面往前翻页； PAGE↓ 该键用于将屏幕显示的页面往后翻页

2. 功能软键区

在某一特定功能键界面下，若要显示其子界面，可以在按下功能键后按软键。最左侧带有向左箭头的软键为菜单返回键，最右侧带有向右箭头的软键为菜单继续键。

3. 机床操作面板区

机床操作面板区功能简要说明如表 7-2 所示。

表7-2 机床操作面板功能表

按 键	功 能	按 键	功 能
	自动键		编辑键
	MDI		进给暂停指示灯
	返回参考点键		连续点动键
	增量键		手轮键
	单段键		跳过键
	空运行键		坐标轴负方向键
	进给暂停键		循环启动键
	当X轴返回参考点时,X原点灯亮		当Y轴返回参考点时,Y原点灯亮
	当Z轴返回参考点时,Z原点灯亮		X轴选择按钮
	Y轴选择按钮		Z轴选择按钮
	坐标轴正方向键		快进键
	主轴正转键		主轴停键
	主轴反转键		
	急停键		进给速度修调
	主轴速度修调		启动电源键
	关闭电源键		

（二）手动功能介绍

1. 返回参考点

① 按下返回参考点键；

② 按下X键，再按下+键，X轴返回参考点，同时X原点灯亮；

③ 依上述方法，依此按下Y键、+键；Z键、+键；Y、Z轴返回参考点，同时Y、Z原

点灯亮。

2．手动连续进给

① 按下"连续点动"按键，系统处于连续点动运行方式；

② 选择进给速度；

③ 按下 X 键（指示灯亮），再按住+键或-键，X 轴产生正向或负向连续移动；松开+键或-键，X 轴减速停止；

④ 依同样方法，按下 Y 键，再按住+键或-键，或按下 Z 键，再按住+键或-键，使 Y、Z 轴产生正向或负向连续移动。

3．手动连续进给速度选择

使用机床控制面板上的进给速度修调旋钮选择进给速度：

右键单击该旋钮，修调倍率递增；左键单击该旋钮，修调倍率递减。用右键每单击一下，增加 5%；用左键每单击一下，修调倍率递减 5%。

4．增量进给

① 按下"增量"按键，系统处于增量运行方式；

② 按下 X 键（指示灯亮），再按一下+键或-键，X 轴将向正向或负向移动一个增量值；

③ 依同样方法，按下 Y 键，再按住+键或-键，或按下 Z 键，再按住+键或-键，使 Y、Z 轴向正向或负向移动一个增量值。

5．手轮进给

按下"手轮"按键，系统处于手轮运行方式，在主界面下右键单击鼠标或在工菜单栏【显示】中选择显示/隐藏手轮，弹出如图 7-17 所示界面，其功能如表 7-3 所示。

图 7-17 手轮

表 7-3 手轮开关功能表

按 键	功 能
	手轮轴选择开关。按鼠标右键，旋钮顺时针旋转；按左键旋钮逆时针旋转。每按动一下，旋钮向相应的方向移动一个挡位
	手轮进给放大倍数开关。按鼠标右键，旋钮顺时针旋转；按左键，旋钮逆时针旋转。每按动一下，旋钮向相应的方向移动一个挡位
	手轮。按鼠标右键，旋钮顺时针旋转。按鼠标左键，旋钮逆时针旋转。使用手轮进给的方法有两种：按一下就松开，所选择的轴将向正向或负向移动一个选定的值。如果按住不放，则所选择的轴将向正向或负向发生连续移动

（三）FANUC-0I 系统坐标系设定

1. 机床回零

单击"启动"按钮给机床加电，然后打开"急停开关"，再单击机床"回参考点"按钮，使机床处在回参考点零位状态，分别单击坐标轴选择按钮 X、Y、Z，再单击"+"按钮，此时机床执行回参考点命令，显示屏如图 7-18 所示。

2. 安装毛坯

首先在主菜单栏里单击【工艺流程】—【毛坯】，出现如图 7-19 所示对话框。单击"新毛坯"命令，定义毛坯，按照对话框提示，填写工件要求的数值，如图 7-20 所示。

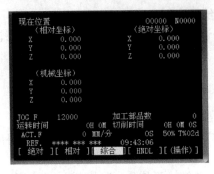

图 7-18 回零界面

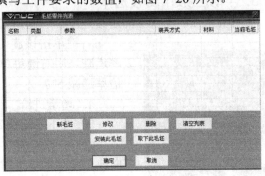

图 7-19 毛坯库

单击图 7-20 中夹具项，选择夹具为虎钳，再单击"工艺装夹"命令，选择虎钳装夹方式、选择毛坯 1，单击"上移、下移、左移、右移"按键调整工件位置，最后单击"确认"，如图 7-21 所示。选中新建毛坯，在图 7-19 对话框中按下"安装此毛坯"，则虎钳及毛坯被安装至机床工作台面上。

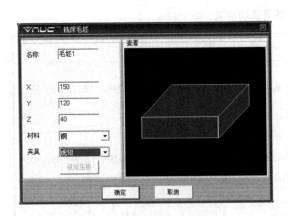

图 7-20 毛坯设置

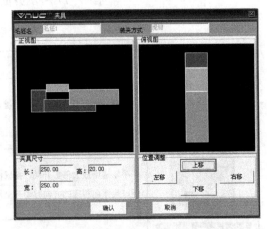

图 7-21 装夹工件

3. 安装刀具

在主菜单中单击【工艺流程】—【加工中心刀库】，设置所选用的刀具，如图 7-22 所示。设定 1 号刀为 Φ80 面铣刀（有效刀长为 40），2 号刀为 Φ16 端铣刀（有效刀长为 50），3 号刀为 Φ10 钻头（有效刀长为 60）。

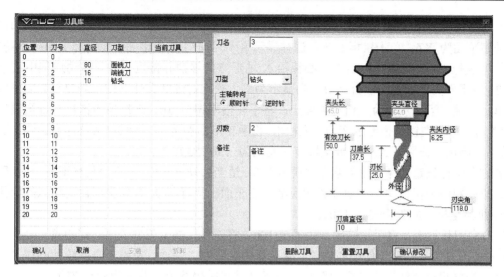

图 7-22 安装刀具

4. 刀具选择

5. 建立工件坐标系

VNUC4.0 中，X、Y 方向工件坐标系设定工具为心棒，X、Y 坐标系设定步骤如下：

(1) 在主菜单栏里面单击【工艺流程】-【基准工具】命令，出现如图 7-23 所示界面，单击"确定"。

(2) 单击主菜单下【工具】—【辅助视图】，按下连续点动键 ![] （可通过倍率选择开关调整进给速度），选择 X、Y、Z 轴，按住"+"或"-"方向使芯棒接近工件，移动过程中，可通过变换机床视图功能和平移、旋转、局部放大等功能观察芯棒和工件的相对位置，特别注意不能使芯棒与刀具相撞。当芯棒移至工件左侧如图 7-24 所示位置时停止。

图 7-23 基准工具

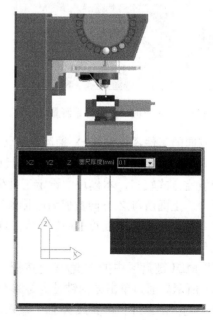

图 7-24 快速接近工件

X方向坐标设定：按下机床操作面板上的手轮键，选择塞尺为0.1mm，选择辅助视图上的观察平面为XZ，单击鼠标右键，选择显示/隐藏手轮，在弹出的手轮图标中选择X轴，手动倍率选择100，按住鼠标右键使心棒沿X轴正方向移动并接近工件，移动过程中观察如图7-25所示界面下方塞尺检查结果，当显示为"太松"时继续按住右键，当显示为太紧时，连续单击左键，当显示变为太松马上停止，将手轮倍率调至10，连续单击鼠标右键至显示为"太紧"时，单击左键，使显示变为"太松"，将手轮倍率调至1，连续单击鼠标右键至显示为"合适"时停止。记录下X轴机械坐标值（此处为-730.183）。

Y方向坐标设定：将手轮倍率开关调至100，适当移动X、Y、Z将刀具移至图7-26所示位置，机床视图为正视图，辅助视图切换至YZ平面。执行与X方向坐标设定相似的操作，得Y轴机械坐标（此处为-318.120）。

Z方向刀长设定：将手轮倍率开关调至100，将刀具抬高至工件表面一定距离，分别移动X、Y轴使刀具大致移至工件中心位置，激活辅助视图中Z平面，左键单击手轮使心棒靠近工件表面，当塞尺检查结果为"合适"时，记下Z轴机械坐标值（此处为-216.73）。

图7-25 X方向工件坐标系测量

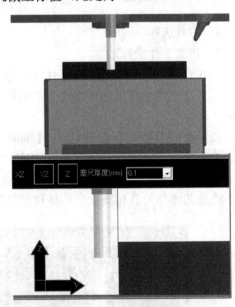

图7-26 Y方向工件坐标系测量

（3）X方向的工件零位坐标=X轴测量值（带符号）+塞尺厚度+心棒直径+工件长度/2；Y方向的工件零位=Y轴测量值（带符号）+塞尺厚度+心棒直径+工件长度/2；工件Z轴零位及刀具长度的设定方式较多，本模块中设定工件坐标系中的零位为零，把Z方向的补偿值全部设定在刀长中。上面所测Z方向数值为心棒长度，具体各把刀的长度数值=Z轴测量值（带符号）-塞尺厚度-（心棒有效长度-对应刀具有效长度）。见图7-27。

（4）工件零位输入

① 单击MDI键盘区中的偏置/设定按钮，并用对应软键进入【坐标系】界面，出现如图7-28（a）所示界面，单击方向键使光标移至G54的X坐标位置，用数字键输入-647.593，单击软键盘中的"INPUT"可完成X轴的输入。如图7-28（b）所示。

图 7-27　Z 轴零位测量

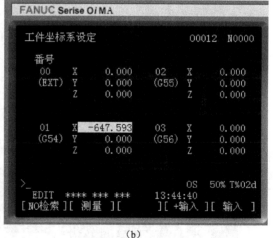

(a)　　　　　　　　　　　　　　(b)

图 7-28　X 向坐标设定

② Y 方向的坐标输入方式与 X 一样，此处不再复述，输入结果如图 7-29 所示（-250.52）。

③ Z 方向的补偿输入至刀长中，单击键盘区中的偏置/设定按钮，用对应的软键进入补正界面。在 1 号刀形状（H）栏输入-276.73，在形状 D 输入刀具半径（40.0），2 号刀形状（H）栏输入-266.73，在形状 D 输入刀具半径（8.0），3 号刀。2 号刀形状（H）栏输入-256.73，在形状 D 输入刀具半径（5.0），如图 7-30 所示。

数控机床编程与操作

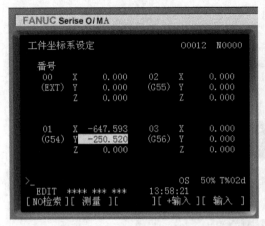

图 7-29　Y 方向坐标设定　　　　　图 7-30　Z 方向补偿设定

二、Siemens 系统界面及工件坐标系设定

(一) Siemens 系统界面介绍

单击菜单栏【选项】-【选择机床和系统】，弹出如图 7-4 所示窗口，选用三轴立式加工中心，Siemens802D 系统。仿真界面切换至如 7-31 所示。

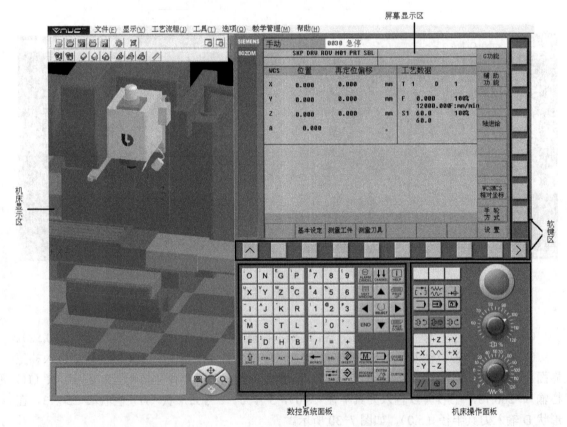

图 7-31　Siemens 系统仿真界面

Siemens802D 仿真界面由机床显示区，屏幕显示区、数控系统界面、机床操作面板、软键区等组成。

数控系统界面功能及说明如表 7-4 所示，机床操作面板功能及说明如表 7-5 所示。

表 7-4 数控系统面板

按　键	功　能	按　键	功　能
ALARM CANCEL	报警应答键	CHANNEL	通道转换键
HELP	信息键	NEXT WINDOW	未使用
PAGE UP / PAGE DOWN	翻页键	END	翻至末尾键
◀▲▶▼	光标键	SELECT	选择/转换键
POSITION	加工操作区域键	PROGRAM	程序操作区域键
OFFSET PARAM	参数操作区域键	PROGRAM MANAGER	程序管理操作区域键
SYSTEM ALARM	报警/系统操作区域键	CUSTOM	功能键（未使用）
O	字母键（上挡键转换对应字符）	&7	数字键（上挡键转换对应字符）
SHIFT	上挡建	CTRL	控制键
ALT	替换键	␣	空格键
BKSPACE	退格删除键	DEL	删除键
INSERT	插入键	TAB	制表键
INPUT	回车/输入键		

表 7-5 机床操作面板

按　键	功　能	按　键	功　能
[.]	增量选择键		点动
	参考点		自动方式
	单段		手动数据输入
	主轴正转		主轴翻转

续表

按　键	功　能	按　键	功　能
	主轴停		数控启动
+Z －Z	Z轴点动	+X －X	X轴点动
+Y －Y	Y轴点动		快进键
//	复位键		数控停止
	主轴速度修调		进给速度修调
	急停键		

（二）手动操作

1. 返回参考点

① 进入系统后，显示屏上方显示文字：0030：急停。单击急停键，使急停键抬起。这时该行文字消失；

② 按下机床控制面板上的点动键 ，再按下参考点键 ，这时显示屏上X、Y、Z坐标轴后出现空心圆，如图7-32（a）所示；

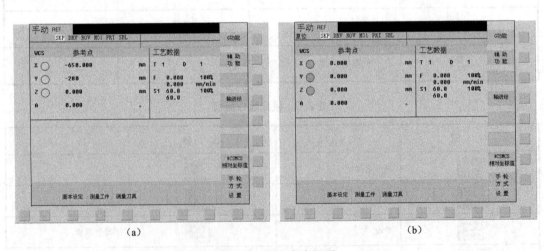

图7-32　回参考点界面

③ 分别按下 +X、+Y、+Z 键，机床上的坐标轴移动回参考点，同时显示屏上坐标轴后的空心圆变为实心圆，参考点的坐标值变为0，如图7-32（b）所示。

2．JOG 运行方式

① 按下机床控制面板上的点动键 ；

② 选择进给速度；

③ 按下坐标轴方向键，机床在相应的轴上发生运动。只要按住坐标轴键不放，机床就会以设定的速度连续移动。

JOG 进给速度选择：

使用机床控制面板上的进给速度修调旋钮选择进给速度：右键单击该旋钮，修调倍率递增；左键单击该旋钮，修调倍率递减。用右键每单击一下，增加5%；用左键每单击一下，修调倍率递减5%。

3．快速移动

先按下快进按键 ，然后再按坐标轴按键，则该轴将产生快速运动。

4．增量进给

① 按下机床控制面板上的"增量选择"按键 ，系统处于增量进给运行方式；

② 设定增量倍率（多次单击 按键，倍率会在1、10、100、1000中切换）；

③ 按一下"+X"或"-X"按键，X轴将向正向或负向移动一个增量值；

④ 依同样方法，按下"+Y"、"-Y"、"+Z"、"-Z"按键，使Y、Z轴向正向或负向移动一个增量值；

⑤ 再按一次点动键可以去除步进增量方式。

5．手轮进给

单击图7-32所示"手轮方式"对应的软键，界面切换至如图7-33所示。此时在主界面下右击鼠标或在工菜单栏【显示】中选择显示/隐藏手轮，弹出如图7-34所示界面，其功能如表7-3所示。

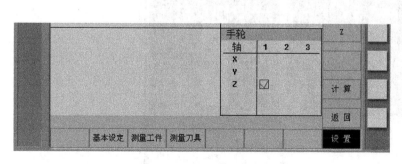

图7-33 手轮激活界面

图7-34 手轮

（三）SIEMENS802D 系统坐标系设定

1. 机床回零
2. 安装毛坯

首先在主菜单栏里单击【工艺流程】—【毛坯】，出现如图 7-35 所示对话框。

单击"新毛坯"命令，定义毛坯，按照对话框提示，填写工件要求的数值，如图 7-36 所示。

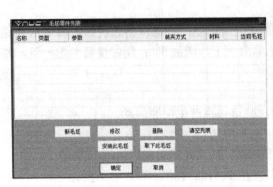
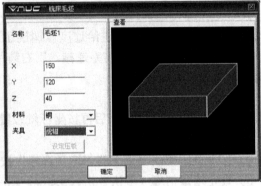

图 7-35　毛坯库图　　　　　　　　　图 7-36　毛坯设置

单击图 7-36 中夹具项，选择夹具为虎钳，再单击"工艺装夹"命令，选择虎钳装夹方式、选择毛坯 1，单击"上移、下移、左移、右移"调整工件位置，最后单击"确认"，如图 7-37 所示。选中新建毛坯，在图 7-19 对话框中按下"安装此毛坯"，则虎钳及毛坯被安装至机床工作台面上。

3. 安装刀具

在主菜单中单击【工艺流程】—【加工中心刀库】，设置所选用的刀具，1 号刀为 Φ80 面铣刀（有效刀长为 40），2 号刀为 Φ16 端铣刀（有效刀长为 50），3 号刀为 Φ10 钻头（有效刀长为 60），如图 7-38 所示。

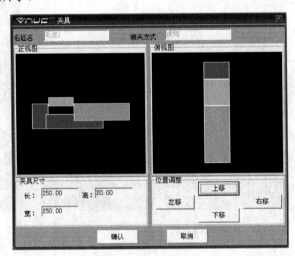

图 7-37　毛坯装夹

项目七 数控加工中心仿真教学系统的应用

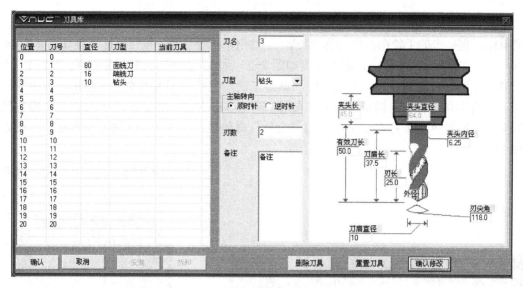

图 7-38 安装刀具

4．建立工件坐标系

VNUC4.0 中，X、Y 方向工件坐标系设定工具为心棒，X、Y 坐标系设定及 Z 方向补偿设定步骤如下：

（1）在主菜单栏里面单击【工艺流程】—【基准工具】命令，出现如图 7-39 所示界面，最后单击"确定"。

（2）单击主菜单下【工具】—【辅助视图】，按下连续点动键 ▨ （可通过倍率选择开关调整进给速度），选择+X、+Y、+Z、-X、-Y、-Z 轴，使心棒接近工件，移动过程中，可通过变换机床视图功能和平移、旋转、局部放大等功能观察心棒和工件的相对位置，特别注意不能使芯棒与刀具相撞。当心棒移至工件左侧如图 7-40 所示位置时停止。

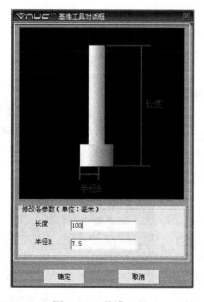

图 7-39 基准工具

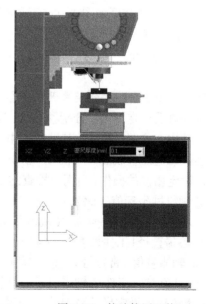

图 7-40 快速接近工件

激活手轮，选择塞尺为 0.1mm，选择辅助视图上的观察平面为 XZ，右击鼠标，选择显示/隐藏手轮，在弹出的手轮图标中选择 X 轴，手动倍率选择 100，按住鼠标右键使芯棒沿 X 轴正方向移动并接近工件，移动过程中观察如图 7-25 所示界面下方塞尺检查结果，当显示为"太松"时继续按住右键，当显示为太紧时，单击左键，当显示变为太松马上停止，将手轮倍率调至 10，连续单击鼠标右键至显示为"太紧"时，单击左键，使显示变为"太松"，将手轮倍率调至 1，连续单击鼠标右键至显示为"合适"时停止。记录下 X 轴机械坐标值（此处为 -730.183）。

图 7-41 X 方向工件坐标系测量

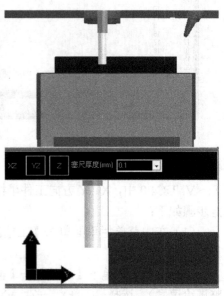

图 7-42 Y 方向工件坐标系测量

Y 方向坐标设定：将手轮倍率开关调至 100，适当移动 X、Y、Z 将刀具移至如图 7-42 所示位置，机床视图为正视图，辅助视图切换至 YZ 平面。执行与 X 方向坐标设定相似的操作，得 Y 轴机械坐标（此处为 -318.120）。

Z 方向刀长设定：将手轮倍率开关调至 100，将刀具抬高至工件表面一定距离，分别移动 X、Y 轴使刀具移至大致工件中心位置，激活的辅助视图中 Z 平面，左击手轮使芯棒靠近工件表面，如图 7-43 所示，执行与 X 方向坐标设定相似的操作，当塞尺检查结果为"合适"时，记下 Z 轴机械坐标值（此处为 -216.73）。

（3）X 方向的工件零位坐标=X 轴测量值（带符号）+塞尺厚度+芯棒直径+工件长度/2=-647.539；Y 方向的工件零位=Y 轴测量值（带符号）+塞尺厚度+芯棒直径+工件长度/2=-250.52；工件 Z 轴零位及刀具长度的设定方式较多，本模块中设定坐标系中的 Z 为零，把 Z 方向

图 7-43 Z 轴零位测量

的补偿值全部设定在刀长中。上面所测 Z 方向数值为芯棒长度，具体各把刀的长度数值=Z 轴测量值（带符号）-塞尺厚度-（芯棒有效长度-对应刀具有效长度），1 号刀刀长为-276.730，2 号刀刀长为-266.730，3 号刀的刀长为-256.730。

(4) 工件零位输入

① 单击数控系统区的偏置/参数按钮，单击对应软键进入"零位设定"界面，出现如图 7-44（a）所示界面，单击方向键使光标移至 G54 的 X 坐标位置，用数字键输入-647.593，并单击数控系统区中的"INPUT"确认输入，再光标移至 G54 的 Y 坐标位置，输入-250.52，如图 7-44（b）所示。

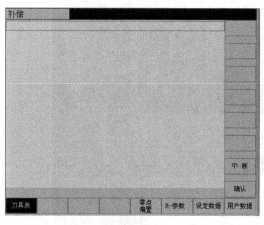

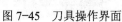

图 7-44 X、Y 坐标设定

② 刀长设定，单击键盘区中的偏置/设定按钮，单击对应的软键【刀长】进入刀具操作界面，如图 7-45 所示。单击对应软键【新刀具】-【铣刀】，在图 7-46 所示界面输入新建刀号 01 并单击对应软键确认。

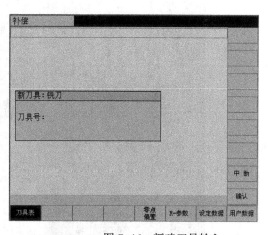

图 7-45 刀具操作界面   图 7-46 新建刀号输入

在图 7-47 中输入面铣刀的刀长，单击数控系统区中的"INPUT"确认；输入半径，单击数控系统区中的"INPUT"确认。再次单击对应软键【新刀具】-【铣刀】，在图 7-46 界面输入新建刀号 02，单击对应软键确认。在图 7-48 中输入面铣刀的刀长，单击数控系统区中的"INPUT"确认，输入半径，单击数控系统区中的"INPUT"确认；再次单击对应软键

【新刀具】-【钻头】，在图 7-46 界面输入新建刀号 03，单击对应软键确认。在图 7-48 中输入钻头的刀长，单击数控系统区中的"INPUT"确认，输入半径，单击数控系统区中的"INPUT"确认。

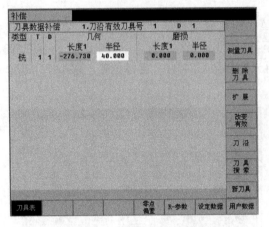

图 7-47 1 号刀刀具参数输入

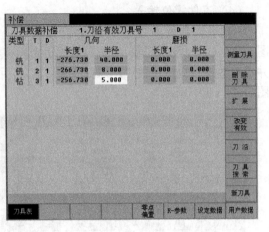

图 7-48 2、3 号刀刀具参数输入

三、华中系统界面介绍及坐标系设定

（一）华中系统界面介绍

单击菜单栏【选项】—【选择机床和系统】，弹出如图 7-4 所示窗口，选用三轴立式加工中心，华中世纪星系统。仿真界面切换至如 7-49 所示。

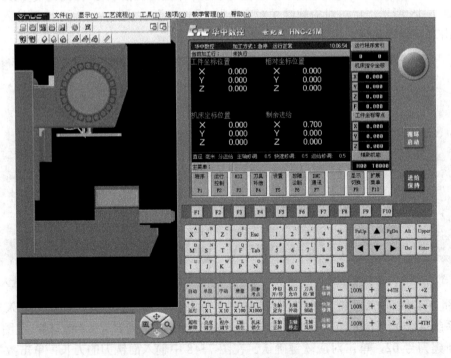

图 7-49 华中系统仿真界面

华中仿真界面由机床显示区,屏幕显示区、菜单条(如图 7-50 所示)、机床操作面板(如图 7-51 所示)、MDI 键盘区(如图 7-52 所示)、软键区(如图 7-53 所示)等组成。

图 7-50 菜单条

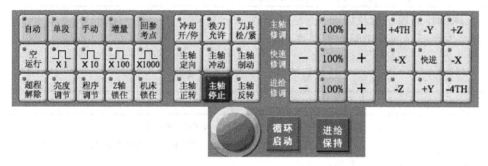

图 7-51 机床操作面板

图 7-52 MDI 键盘

图 7-53 软键区

1. MDI 键盘功能及说明

MDI 键盘功能及说明如表 7-6 所示。

表 7-6 华中系统 MDI 键盘功能

名 称	功 能 说 明
地址和数字键 X²	按下这些键可以输入字母,数字或者其它字符
Upper	切换键
Enter	输入键
Alt	替换键
Del	删除键
PgUp PgDn	翻页键

续表

名 称	功 能 说 明
光标移动键 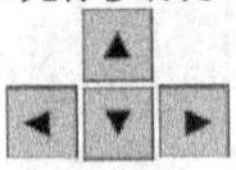	有四种不同的光标移动键： ▶：用于将光标向右或者向前移动； ◀：用于将光标向左或者往回移动； ▼：用于将光标向下或者向前移动； ▲：用于将光标向上或者往回移动。

2．机床操作面板功能及说明

机床操作面板功能及说明如表 7-7 所示。

表 7-7 机床操作面板功能表

名 称	功 能 说 明
急停键 	用于锁住机床。按下急停键时，机床立即停止运动。 急停键抬起后，该键下方有阴影，见下图 a；急停键按下时，该键下方没有阴影，见图（b）。 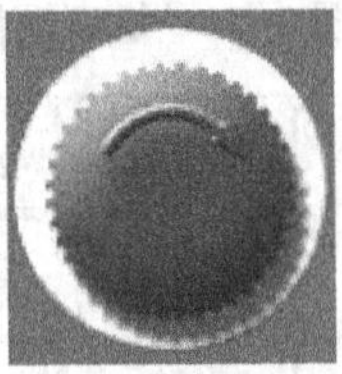 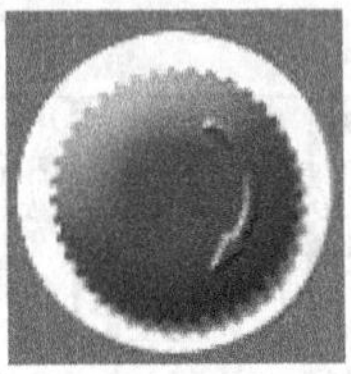 （a）　　（b）
循环启动/保持 	在自动和 MDI 运行方式下，用来启动和暂停程序。
方式选择键	用来选择系统的运行方式： 自动：按下该键，进入自动运行方式； 单段：按下该键，进入单段运行方式； 手动：按下该键，进入手动连续进给运行方式； 增量：按下该键，进入增量运行方式； 回参考点：按下该键，进入返回机床参考点运行方式； 方式选择键互锁，当按下其中一个时（该键左上方的指示灯亮），其余各键失效（指示灯灭）
进给轴和方向选择开关 	在手动连续进给、增量进给和返回机床参考点运行方式下，用来选择机床欲移动的轴和方向 其中的 快进 为快进开关。当按下该键后，该键左上方的指示灯亮，表明快进功能开启。再按一下该键，指示灯灭，表明快进功能关闭
主轴修调 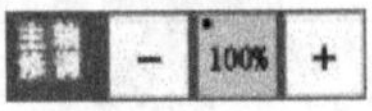	在自动或 MDI 方式下，当 S 代码的主轴速度偏高或偏低时，可用主轴修调右侧的 100% 和 + 、 - 键，修调程序中编制的主轴速度 按 100% （指示灯亮），主轴修调倍率被置为 100%，按一下 + ，主轴修调倍率递增 5%；按一下 - ，主轴修调倍率递减 5%

续表

名　　称	功　能　说　明
快速修调	自动或 MDI 方式下,可用快速修调右侧的 100% 和 + 、 - 键,修调 G00 快速移动时系统参数"最高快移速度"设置的速度 按 100%（指示灯亮）,快速修调倍率被置为 100%,按一下 + ,快速修调倍率递增 10%；按一下 - ,快速修调倍率递减 10%
进给修调	自动或 MDI 方式下,当 F 代码的进给速度偏高或偏低时,可用进给修调右侧的 100% 和 + 、 - 键,修调程序中编制的进给速度 按 100%（指示灯亮）,进给修调倍率被置为 100%,按一下 + ,主轴修调倍率递增 10%；按一下 - ,主轴修调倍率递减 10%
增量值选择键	在增量运行方式下,用来选择增量进给的增量值。 ×1 为 0.001mm ×10 为 0.01mm ×100 为 0.1mm ×1000 为 1mm 各键互锁,当按下其中一个时（该键左上方的指示灯亮）,其余各键失效（指示灯灭）。
主轴旋转键	用来开启和关闭主轴。 正转：按下该键,主轴正转 停止：按下该键,主轴停转 反转：按下该键,主轴反转
刀位转换键	在手动方式下,按一下该键,刀架转动一个刀位
超程解除	当机床运动到达行程极限时,会出现超程,系统会发出警告音,同时紧急停止。要退出超程状态,可按下此键（指示灯亮）,再按与刚才相反方向的坐标轴键
空运行	在自动方式下,按下该键（指示灯亮）,程序中编制的进给速率被忽略,坐标轴以最大快移速度移动
程序跳段	自动加工时,系统可跳过某些指定的程序段。如在某程序段首加上"/",且面板上按下该开关,则在自动加工时,该程序段被跳过不执行；而当释放此开关时,"/"不起作用,该段程序被执行
选择停	选择停
机床锁住	用来禁止机床坐标轴移动。显示屏上的坐标轴仍会发生变化,但机床停止不动。

3. 菜单条

数控系统屏幕的下方就是菜单命令条,如图 7-50 所示。由于每个功能包括不同的操作,在主菜单条上选择一个功能项后,菜单条会显示该功能下的子菜单。例如,按下主菜单条中的"自动加工"后,就进入自动加工下面的子菜单条（图 7-54）。每个子菜单条的最后一项都是"返回"项,按该键就能返回上一级菜单。

图 7-54　子菜单条

4．功能软键

功能软键如图 7–55 所示。这些是快捷键，这些键的作用和菜单命令条是一样的。在菜单命令条及弹出菜单中，每一个功能项的按键上都标注了 F1、F2 等字样，表明要执行该项操作也可以通过按下相应的快捷键来执行。

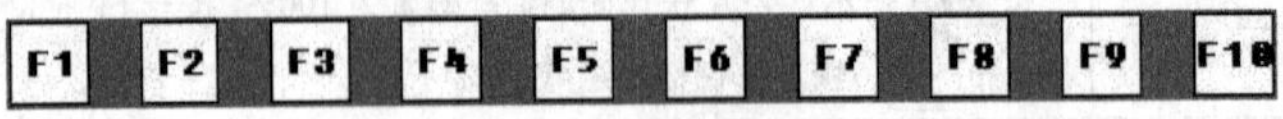

图 7–55 功能软键

（二）手动操作

1．返回机床参考点

① 进入系统后，显示屏上方显示文字：急停。单击急停键，使急停键抬起。这时该行文字消失；

② 按下“回参考点”按键（指示灯亮）；

③ 按下“+X”按键，X 轴立即回到参考点；

④ 依同样方法，分别按下“+Y”、“+Z”按键，使 Y、Z 轴返回参考点。

2．手动

① 按下“手动”按键（指示灯亮），系统处于点动运行方式；

② 选择进给速度：进给速率为系统参数“最高快移速度”的 1/3 乘以进给修调选择的进给倍率。快速移动的进给速率为系统参数“最高快移速度”乘以快速修调选择的快移倍率。点动进给速度调节的方法或快速修调 快速修调 – 100% + 右侧的“100%”按键（指示灯亮），进给修调或快速修调倍率被置为 100%；按下“+”按键，修调倍率增加 5%，按下“–”按键，修调倍率递减 5%；

③ 按住“+X”或“–X”按键（指示灯亮），X 轴产生正向或负向连续移动；松开“+X”或“–X”按键（指示灯灭），X 轴减速停止；

④ 依同样方法，按下“+Y”、“–Y”、“+Z”、“–Z”按键，使 Y、Z 轴产生正向或负向连续移动。

3．快速手动

① 按下“手动”按键（指示灯亮），系统处于点动运行方式；

② 按下“快进”按键；

③ 按住“+X”、“–X”、“+Y”、“–Y”、“+Z”或“–Z”按键实行选定轴的快速移动。

4．增量进给

① 按下“增量”按键（指示灯亮），系统处于增量进给运行方式；

② 按下增量倍率按键 X1 X10 X100 X1000（指示灯亮）；增量值的大小由选择的增量倍率按键来决定。增量倍率按键有四个挡位：×1、×10、×100、×1000，分别表示 0.001、0.01、0.1、1mm。

③ 按一下“+X”或“–X”、“+Y”、“–Y”、“+Z”、“–Z”按键，使 X、Y、Z 轴向正向或负向移动一个增量值。

5．手轮进给

按下“增量”按键（指示灯亮），系统处于增量进给运行方式，在主界面下右击鼠标或在工菜单栏【显示】中选择显示/隐藏手轮，弹出如

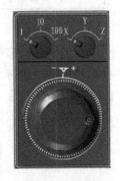

图 7–56 手轮

图 7-56 所示界面,其功能如表 7-3 所示。

(三)华中系统坐标系设定

1. 机床回零
2. 安装毛坯

首先在主菜单栏里单击【工艺流程】-【毛坯】,出现如图 7-57 所示对话框。

图 7-57 毛坯库图

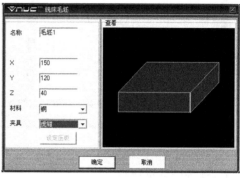

图 7-58 毛坯设置

单击"新毛坯"命令,定义毛坯,按照对话框提示,填写工件要求的数值,如图 7-58 所示。

单击图 7-58 中夹具项,选择夹具为虎钳,再单击"工艺装夹"命令,选择虎钳装夹方式、选择毛坯 1,单击"上移、下移、左移、右移"调整工件位置,如图 7-59 所示,最后单击"确认"。在图 7-57 对话框中按下"安装此毛坯",则虎钳及毛坯被安装至机床工作台面上。

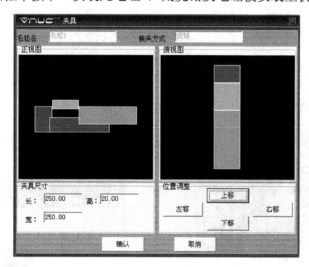

图 7-59 毛坯装夹

3. 安装刀具

在主菜单中单击【工艺流程】-【加工中心刀库】,设置所选用的刀具,1 号刀为 Φ80 面铣刀(有效刀长为 40),2 号刀为 Φ16 端铣刀(有效刀长为 50),3 号刀为 Φ10 钻头(有效刀长为 60)。如图 7-60 所示。

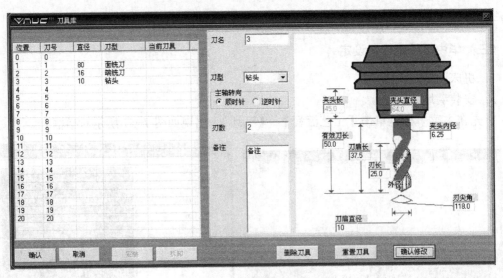

图 7-60　安装刀具

4．建立工件坐标系

VNUC4.0 中，X、Y、Z 方向工件坐标系设定工具为芯棒，X、Y 坐标系设定及 Z 方向补偿设定步骤如下：

（1）在主菜单栏里面单击【工艺流程】—【基准工具】命令，出现如图 7-61 所示对话框，单击"确定"。

（2）单击主菜单下【工具】—【辅助视图】，按下手动键（可通过倍率选择开关调整进给速度），选择+X、+Y、+Z、-X、-Y、-Z 轴，使芯棒接近工件，移动过程中，可通过变换机床视图功能和平移、旋转、局部放大等功能观察芯棒和工件的相对位置，特别注意不能使芯棒与刀具相撞。当芯棒移至工件左侧如图 7-62 所示位置时停止。

图 7-61　基准工具

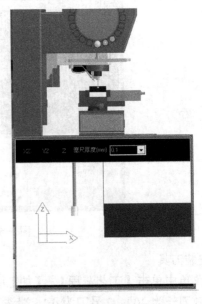

图 7-62　快速接近工件

激活手轮，选择塞尺为 0.1mm，选择辅助视图上的观察平面为 XZ，右击鼠标，选择显示/隐藏手轮，在弹出的手轮图标中选择 X 轴，手动倍率选择 100，按住鼠标右键使芯棒沿 X 轴正方向移动并接近工件，移动过程中观察如图 7-63 所示界面下方塞尺检查结果，当显示为"太松"时，继续按住右键，当显示为太紧时，单击左键，当显示变为太松马上停止，将手轮倍率调至 10，连续单击鼠标右键至显示为"太紧"时，单击左键，使显示变为"太松"，将手轮倍率调至 1，连续单击鼠标右键至显示为"合适"时停止。记录下 X 轴机械坐标值（此处为 -730.183）。

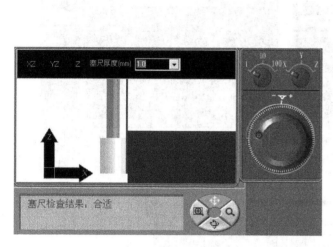

图 7-63　X 方向工件坐标系测量

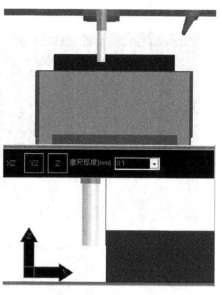

图 7-64　Y 方向工件坐标系测量

图 7-65　Z 轴零位测量

Y 方向坐标设定：将手轮倍率开关调至 100，适当移动 X、Y、Z 将刀具移至如图 7-64 所示位置，机床视图为正视图，辅助视图切换至 YZ 平面。执行与 X 方向坐标设定相似的操作，得 Y 轴机械坐标（此处为 -318.120）。

Z 方向刀长设定：将手轮倍率开关调至 100，将刀具抬高至工件表面一定距离，分别移动 X、Y 轴使刀具移至大致工件中心位置，激活的辅助视图中 Z 平面，左击手轮使芯棒靠近工件表面如图 7-65 所示，当塞尺检查结果为"合适"时，记下 Z 轴机械坐标值（此处为 -216.73）。

（3）X 方向的工件零位坐标=X 轴测量值（带符号）+塞尺厚度+芯棒直径+工件长度/2=-647.593；Y 方向的工件零位=Y 轴测量值（带符号）+塞尺厚度+芯棒直径+工件长度/2=250.52；工件 Z 轴零位及刀具长度的设定方式较多，本模块中设定坐标系中的 Z

为零，把 Z 方向的补偿值全部设定在刀长中。上面所测 Z 方向数值为芯棒长度，具体各把刀的长度数值=Z 轴测量值（带符号）-塞尺厚度-（芯棒有效长度-对应刀具有效长度），得 1 号刀刀长为-276.73，2 号刀刀长为-266.73，3 号刀刀长为-256.73。

（4）工件零位输入

① 在如图 7-66a 所示界面中单击 F5 进入图 7-66b 所示界面，再单击 F1 选择 G54，在图 7-66c 所示界面选择坐标系 G54 并输入（X-647.593Y-250.52Z0）然后按 Enter 确认，结果如图 7-67a 所示。

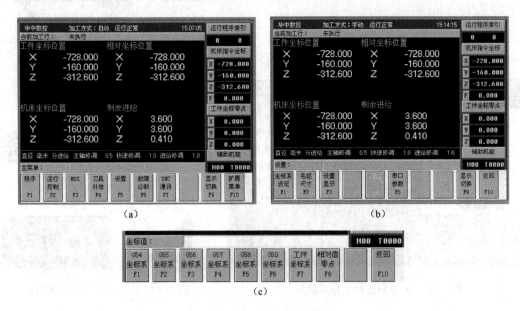

图 7-66 坐标系选择

② 返回图 7-66a 界面中，单击 F4 进入刀具补偿界面，再单击 F2 刀库表。用鼠标选中刀具位置后，输入相应刀长及半径并确认，结果如图 7-67b 所示。

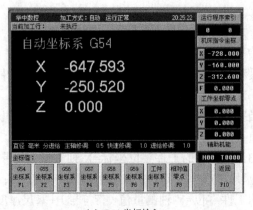
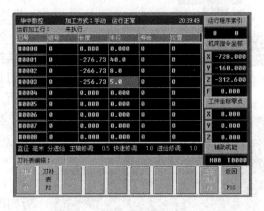

(a) G54 坐标输入　　　　　　　　　　　　(b) 刀补输入

图 7-67 零位输入

任务三 程序创建与编辑

一、FNUC-0I 系统程序创建与编辑

1. 新建程序

① 按下机床面板上的编辑键，系统处于编辑运行方式；
② 按下系统面板上的程序键，显示程序屏幕；
③ 使用字母和数字键，输入程序号。例如：O0006；
④ 按下系统面板上的插入键。

此时程序屏幕上显示如图 7-68 所示，接下来可以输入程序内容；在输入到一行程序的结尾时，先按 EOB 键生成"；"，然后再按插入键。这样程序会自动换行，光标出现在下一行的开头。

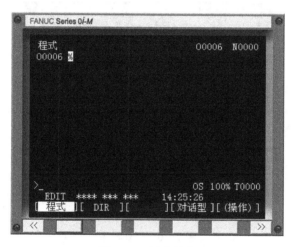

图 7-68　新建程序

2. 从外部导入程序

① 单击菜单栏"文件"—"加载 NC 代码文件"，弹出 Windows 打开文件对话框；
② 从计算机中选择代码存放的文件夹，选中代码，按"打开"键；
③ 按程序键，显示屏上显示该程序。同时该程序名会自动加入到 DRCTRY MEMORY 程序名列表。

3. 打开目录中的文件

① 在编辑方式下，按程序键；
② 按系统显示屏下方与 DIR 对应的软键（图 7-69 中白色光标所指的键）；
③ 显示 DRCTRY MEMORY 程序名列表，见图 7-70a；
④ 如欲打开 O0100 这个程序；可使用字母和数字键，输入程序名如图 7-70b。在输入程序名的同时，系统显示屏下方出现"O 检索"软键；

图 7-69

⑤ 输完程序名后，按 O 检索软键；
⑥ 显示屏上显示 O0100 这个程序的程序内容，见图 7-70c。

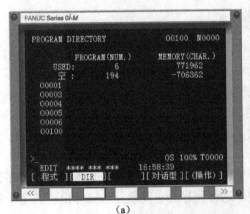
(a)

(b)

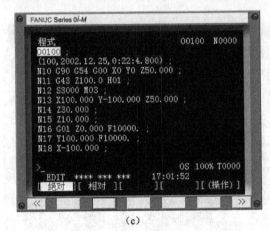
(c)

图 7-70 打开程序

4. 编辑程序

下列各项操作均是在编辑状态下、程序被打开的情况下进行的。

（1）字的检索

① 在编辑状态下，按程序键；

② 在如图 7-71 所示界面中，输入需要检索的字，例如，要检索 M03；

③ 按检索键。带向下箭头的检索键为从光标所在位置开始向程序后面检索，带向上箭头的检索键为从光标所在位置开始向程序前面进行检索；

④ 光标找到目标字后，定位在该字上。

（2）跳到程序头

当光标处于程序中间，而需要将其快速返回到程序头，可适用下列两种方法。

① 按下复位键 ，光标即可返回到程序头；

② 按下如图 7-71 所示界面中的 Rewind 键，光标即可返回到程序头。

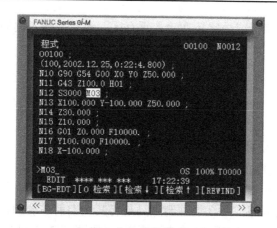

图 7-71 字的检索

(3) 字的插入

① 使用光标移动键,将光标移到需插入位置的后一位字符上,如图 7-72a 所示;
② 键入要插入的字和数据,如:X20.;
③ 按下插入键;
④ 光标所在的字符之前出现新插入的数据,同时光标移到该数据上,如图 7-72b 所示。

(4) 字的替换

① 使用光标移动键,将光标移到需要替换的字符上;
② 键入要替换的字和数据;
③ 按下替换键;
④ 光标所在的字符被替换,同时光标移到下一个字符上。

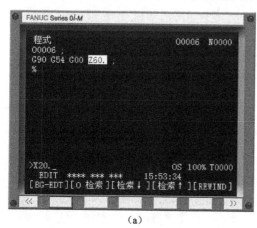
(a)

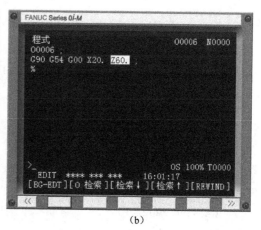
(b)

图 7-72 字的插入

(5) 字的删除

① 使用光标移动键,将光标移到需要删除的字符上;
② 按下删除键;
③ 光标所在的字符被删除,同时光标移到被删除字符的下一个字符上。

(6) 输入过程中的删除

在输入过程中，即字母或数字还在输入缓存区、没有按插入键的时候，可以使用取消键来进行删除。每按一下，则删除一个字母或数字。

5．删除程序

（1）在编辑方式下，按程序键；

（2）按 DIR 软键；

（3）显示 DRCTRY MEMORY 程序名列表；

（4）使用字母和数字键，输入欲删除的程序名；

（5）按系统面板上的删除键，该程序将从程序名列表中删除。需要注意的是，如果删除的是从计算机中导入的程序，那么这种删除只是将其从当前系统的程序列表中删除，并没有将其从计算机中删除，以后仍然可以通过从外部导入程序的方法再次将其打开和加入列表。

6．输入程序

把下面程序输入系统，程序号 O007

```
%O007
G90G80G40G21G94
G91G28Z0.0
M06T01
G90G54X-120.0Y-30.0
G43Z20.0H01
M03S400
M08
G00Z-2.0
G01X120.0F100
Y30.0
X-120.0
G00Z50.0
M05
M09
G91G28Z0.0
M06T02
G90G54X-65.0Y-70.0
G43Z20.0H02
M03S800
M08
G00Z-7.0
G41G01X-65.0Y-60.0D02F100
G02X-75.0Y-50.0R10.0
G01Y50.0
G02X-65.0Y60.0R10.0
```

```
G01X65.0
G02X75.0Y50.0R10.0
G01Y-50.0
G02X65.0Y-60.0R10.0
G01X-65.0
G40G01X-65.0Y-70.0
G00Z50.0
M05
M09
G91G28Z0.0
M06T03
G90G54X0.0Y0.0
G43Z20.0H03
M03S1000
M08
G00Z10.0
G94G81X0.0Y0.0Z-45.0R5.0F100
G80
G00Z50.0
M05
M09
G91G28Z0.0
G91G28Y0.0
M30
```

二、SIEMENS 系统程序创建与编辑

1. 进入程序管理方式

（1）单击程序管理操作区域键；

（2）单击"程序"字样下方的软键；

（3）显示屏显示零件程序列表如图 7-73 所示。

2. 软键功能介绍

程序管理界面中软键功能如表 7-8 所示。

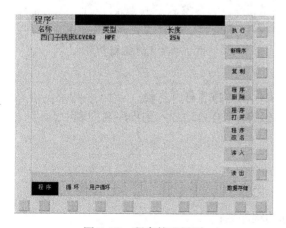

图 7-73 程序管理界面

表 7-8 程序管理功能

软 键	功 能
执 行	如果零件清单中有多个零件程序，按下该键可以选定待执行的零件程序，再按下数控启动键就可执行程序。
新程序	输入新程序。
复 制	把选择的程序复制到另一个程序中。
程 序 删 除	删除程序。
程 序 打 开	打开程序。
程 序 改 名	更改程序名。

3．创建新程序

（1）按下 新程序 ；

（2）使用字母键，输入程序名。例如，输入：PRO1；

（3）按"确认"软键，界面自动进入如图 7-74 所示程序编辑状态，如果按"中断"软键，则刚才输入的程序名无效；这时零件程序清单中将显示新建立的程序。

4．从外部导入程序

① 单击菜单栏"文件"—"加载 NC 代码文件"，弹出 Windows 打开文件对话框；

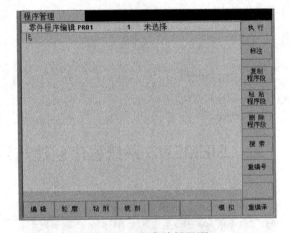

图 7-74 程序编辑界面

② 从计算机中选择代码存放的文件夹，选中代码，按"打开"键；

③ 按程序键，显示屏上显示该程序。同时该程序名会自动加入到程序名列表中。

5．删除程序

（1）单击程序管理操作区域键；

（2）单击"程序"字样下方的软键；

（3）通过 MDI 键盘中的光标键选中要删除的程序名；

（4）按下软键"程序删除"并按软键确认，即可删除所选程序。

6. 编辑当前程序

当零件程序不处于执行状态时,就可以进行编辑。
(1) 单击程序操作区域键进入如图 7-74 所示界面;
(2) 单击"编辑"字样下方的软键;
(3) 打开当前程序;
(4) 使用面板上的光标键和功能键来进行编辑;
(5) 删除:使用光标键,将光标落在需要删除的字符前,按删除键删除错误的内容,或者将光标落在需要删除的字符后,按退格删除键进行删除,"INPUT"用于换行。

7. 程序输入

把下面程序输入系统,程序名 PRO7

```
PRO7
G90G80G40G21G94
M06T01
G90G54X-120.0Y-30.0Z50.0D1
M03S400
M08
G00Z-2.0
G01X120.0F100
Y30.0
X-120.0
G00Z50.0
M05
M09
M06T02
G90G54X-65.0Y-70.0Z50.0D1
M03S800
M08
G00Z-7.0
G41G01X-65.0Y-60.0D01F100
G02X-75.0Y-50.0R10.0
G01Y50.0
G02X-65.0Y60.0R10.0
G01X65.0
G02X75.0Y50.0R10.0
G01Y-50.0
G02X65.0Y-60.0R10.0
G01X-65.0
G40G01X-65.0Y-70.0
G00Z50.0
```

```
M05
M09
M06T03
G90G54X0.0Y0.0Z50.0D1
M03S1000
M08
G00Z20.0
CYCLE81（15.0，10.0，3.0，-45.0）
G00Z50.0
M05
M09
M30
```

三、华中系统程序创建与编辑

1．新建程序

在如图 7-75a 所示菜单栏中，单击程序 F1，进入如图 7-75b 所示子菜单栏，单击编辑程序 F2，进入如图 7-75c 所示界面，单击编辑程序 F2，进入如图 7-75d 所示界面，单击 F3 新建程序，弹出如图 7-75e 所示界面，输入文件名如：O007，按下"Enter"键，进入如图 7-76 所示程序输入界面。

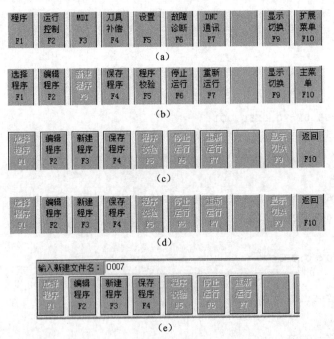

图 7-75 新建程序

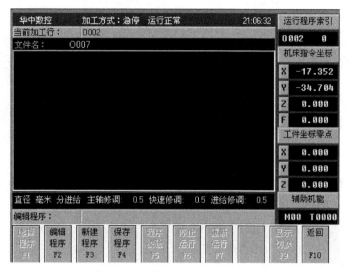

图 7-76 程序输入界面

用户可先在打开的文件中输入程序名 O007，然后通过键盘输入相应的加工程序即可。

2．编辑程序

按下 F1 如图 7-75a 所示，再按下如图 7-75b 中 F1，弹出如图 7-77 所示界面，通过 MDI 键盘中的方向键，选中相应程序并按"Enter"打开进入该程序编辑界面。

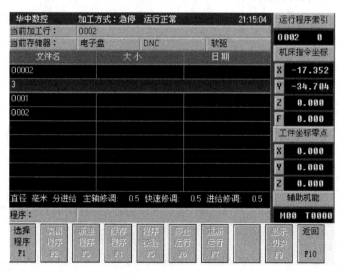

图 7-77 选择程序

3．保存程序

编辑特定程序后，按下图 7-75b 所示界面的 F4 保存程序即可。

4．程序输入

把下面程序输入系统，文件夹名：O007，程序号：O007。

```
%O007
G90G80G40G21G94
G91G28Z0.0
M06T01
G90G54X-120.0Y-30.0
G43Z20.0H01
M03S400
M08
G00Z-2.0
G01X120.0F100
Y30.0
X-120.0
G00Z50.0
M05
M09
G91G28Z0.0
M06T02
G90G54X-65.0Y-70.0
G43Z20.0H02
M03S800
M08
G00Z-7.0
G41G01X-65.0Y-60.0D02F100
G02X-75.0Y-50.0R10.0
G01Y50.0
G02X-65.0Y60.0R10.0
G01X65.0
G02X75.0Y50.0R10.0
G01Y-50.0
G02X65.0Y-60.0R10.0
G01X-65.0
G40G01X-65.0Y-70.0
G00Z50.0
M05
M09
G91G28Z0.0
M06T03
G90G54X0.0Y0.0
G43Z20.0H03
M03S1000
```

```
M08
G00Z10.0
G94G81X0.0Y0.0Z-45.0R5.0F100
G80
G00Z50.0
M05
M09
G91G28Z0.0
G91G28Y0.0
M30
```

任务四　自动加工

一、FANUC 系统自动加工

1. 自动运行

（1）选择和启动零件程序

① 按下自动键 ![ ]，系统进入自动运行方式；

② 直接选择数控系统中的程序或选择系统主窗口菜单栏"数控加工"—"加工代码"—"读取代码"，弹出 Windows 打开文件窗口，在计算机中选择事先做好的程序文件，选中并按下窗口中的"打开"键将其打开；

③ 按循环启动键 ![ ]（指示灯亮），系统执行程序。

（2）程序运行方式选择

可通过选择 ![ ] 来实现程序运行过程中单步、跳选、空运行等方式。

（3）停止、中断零件程序

① 如果程序运行过程中途停止，可以按下循环启动键左侧的进给暂停键 ![ ]，这时机床停止运行，并且循环启动键的指示灯灭、进给暂停指示灯亮 ![ ]。再按循环启动键 ![ ]，就能恢复被停止的程序。

② 中断：按下数控系统面板上的复位键 ![ ]，可以中断程序加工，再按循环启动键 ![ ]，程序将从头开始执行。

2. MDI 方式

（1）执行 MDI

① 按下 MDI 键 ![ ]，系统进入 MDI 运行方式；

② 按下系统面板上的程序键 ![ ]，打开如图 7-78 所示程序屏幕。系统会自动显示程序号 O0000；

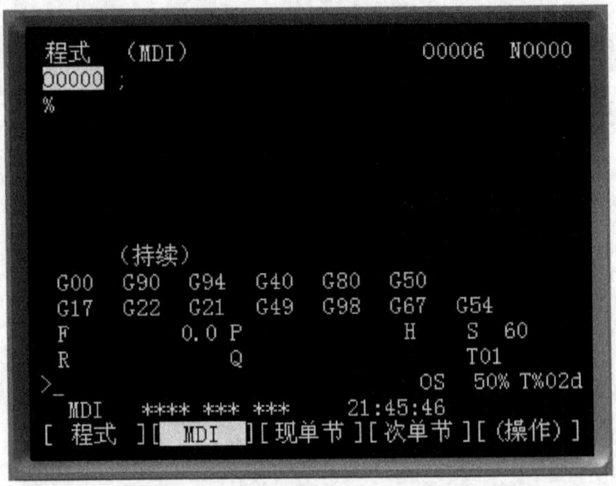

图 7-78　FANUC 系统 MDI 方式

③ 用程序编辑操作编制一个要执行的程序；
④ 使用光标键，将光标移动到程序头；
⑤ 按循环启动键 ▣（指示灯亮），程序开始运行。当执行程序结束语句（M02 或 M30）或者%后，程序自动清除并且运行结束。

（2）停止、中断 MDI 运行

① 如果要中途停止，可以按下循环启动键左侧的进给暂停键 ▣，这时机床停止运行，并且循环启动键的指示灯灭、进给暂停指示灯亮 ▣。再按循环启动键 ▣，就能恢复运行。
② 按下数控系统面板上的复位键 ▣，可以中断 MDI 运行。

（3）加工实例

按照课题二选择刀具、毛坯并设置好工件坐标系，按照课题三编辑好加工程序，按下自动键 ▣，零件加工结果如图 7-79 所示。

图 7-79　加工效果图

二、SIEMENS 系统自动加工

1. 自动运行

(1) 启动程序

① 选定特加工程序；

② 按下系统控制面板上的自动方式键 ▢，系统进入自动运行方式。

(2) 运行方式选择

单击自动方式窗口下方菜单栏上的"程序控制"软键 ▢，选择如表 7-9 所示运行方式。

表 7-9 运动方式选择

按 键	功 能
测试	按下该键后，所有到进给轴和主轴的给定值被禁止输出，此时给定值区域显示当前运行数值。
空运行进给	进给轴以空运行设定数据中的设定参数运行。
有条件停止	程序在运行到有 M01 指令的程序段时停止运行。
跳过	前面有 "/" 标志的程序段将跳过不予执行。
单一程序段	每运行一个程序段，机床就会暂停。
ROV 有效	按快速修调键，修调开关对于快速进给也生效。

(3) 中断与停止程序

① 按数控停止键 ▢，可以停止正在加工的程序，再按数控启动键 ▢，就能恢复被停止的程序；

② 按复位键 ▢，可以中断程序加工，再按按数控启动键 ▢，程序将从头开始执行。

2. MDI 方式

(1) 启动

① 按下机床控制面板上的 MDA 键 ▢，系统进入 MDA 运行方式如图 7-80 所示；

② 使用数控系统面板上的字母、数字键输入程序段。例如，单击字母键、数字键，依次输入：G00X0Y0Z0。屏幕上显示输入的数据；

③ 按数控启动键 ▢，系统执行输入的指令。

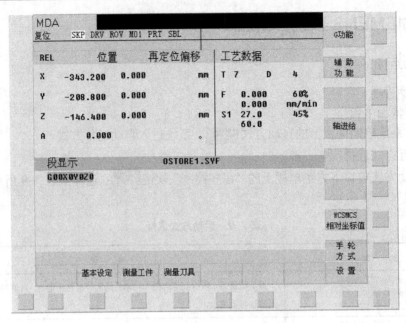

图 7-80 SIEMENS 系统 MDA 方式

（2）中断与停止程序

①按数控停止键 ，可以停止正在加工的程序，再按数控启动键 ，就能恢复被停止的程序；

②按复位键 ，可以中断程序加工，再按按数控启动键 ，程序将从头开始执行。

3．加工实例

按照课题二选择刀具、毛坯并设置好工件坐标系，按照课题三编辑好加工程序，按下自动键 ，零件加工结果如图 7-79 所示。

三、华中系统自动加工

1．程序检验

（1）打开要加工的程序；
（2）按下机床控制面板上的 键，进入程序运行方式；
（3）在程序运行子菜单下，按"程序校验"键，程序校验开始；
（4）如果程序正确，校验完成后，光标将返回到程序头，并且显示窗口下方的提示栏显示提示信息，说明没有发现错误。

2．自动加工

（1）选定待加工程序；
（2）按下机床控制面板中的 键；
（3）按下机床控制面板中的 键；

3．单段运行

（1）按下机床控制面板上的 单段 键，进入单段自动运行方式。
（2）按下 循环启动 按键，运行一个程序段，机床就会减速停止，刀具、主轴均停止运行。再按下 循环启动 按键，系统执行下一个程序段，执行完成后再次停止。

4．MDI 方式

（1）在主菜单中单击"F3MDI 方式"进入如图 7-81 所示界面；
（2）在"MDI 运行对话框"中输入相应的代码并按 Enter 键确认；
（3）按下机床控制面板中的 循环启动 键执行。

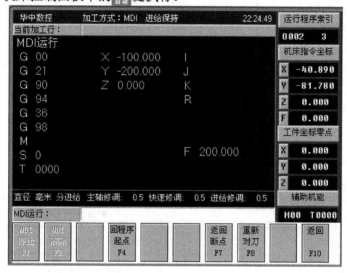

图 7-81　华中系统 MDI 方式

5．加工实例

按照课题二选择刀具、毛坯并设置好工件坐标系，按照课题三编辑好加工程序，按下自动键 ，零件加工结果如图 7-79 所示。

附录 A CK6136S 数控车床技术参数

型 号	CK6136S
床身上最大回转直径	360mm（14"）
刀架上最大回转直径	Φ100mm（排刀型）、Φ180mm
横向最大行程（X轴）	230mm、300mm 排刀
最大工件长度	500mm、750mm、1000mm
X轴快速进给	5m/min
Z轴快速进给	8m/min
主轴转速范围（无级）	200_2800r/min
主轴通孔直径	Φ40
主轴锥孔	MT No.5
三爪卡盘或弹簧夹头	8" or 5c
刀架	四工位、六工位或排刀
进给电机功率	0.75/1.0KM（伺服电机）
最大刀具尺寸	20×20mm
最小移动单位	0.001mm
最小输入单位	0.001mm
重复定位精度	0.0075
加工零件的表面粗糙度	≤Ra0.8μm（有色金属）
主电机功率	3.7KW（5HP）
机床外形尺寸（长×宽×高）	2120×1200×1415mm
机床净重	2000kg

附录B HAAS的VF-3型加工中心的技术参数

1. 工作行程：X-Y-Z分别为1016mm、508mm、635mm（40"-20"-25"）
2. 主轴底端至工作台的距离：102-737mm
3. 工作台尺寸：1219mm×457mm（48"×18"）
4. 工作台最大承重：1588kg（3500磅）
5. T型槽宽度：15.875mm（0.625"）
6. T型槽中心距：80mm（3.15"）
7. 刀柄型号：CT40或BT40
8. 主轴最高转速：7500r/min
9. 传动箱：二级齿轮变速
10. 最大转矩：在450r/min转速下可达339Nm
11. 润滑方式：气压下滴油润滑
12. 冷却方式：冷却液冲淋冷却
13. 主轴电机最大功率：20马力（14.9kW）
14. 工作台电机最大功率：5马力（3.73kW）
15. 工作台电机最大推力：15124N
16. 工作台最大移动速度（X、Y轴）：18m/min（710ipm）
17. Z轴最大移动速度：18m/min（710ipm）
18. 最大切削进给速度：12.7m/min（500ipm）
19. 刀库刀具数：20
20. 刀具最大直径：89mm（3.5"）
21. 刀具最大重量：5.4kg（12磅）
22. 平均换刀时间：4秒（切削时换刀为5.4秒）
23. 定位精度：±0.005mm（±0.0002"）
24. 重复定位精度：±0.0025mm（±0.0001"）
25. 移门宽度：1232mm（48.5"）
26. 供气压力：在6.9bar的压力下每分钟需供气13升

参考文献

[1] 虞俊. 数控铣削加工技术一体化教程. 济南：山东科学技术出版社，2009.

[2] 王荣兴. 数控铣削加工实训. 上海：华东师范大学出版社，2008.

[3] 徐伟. 数控车削加工实训. 上海：华东师范大学出版社，2008.

[4] 北京斐克数控仿真软件 VNUC 4.0 操作说明书. 北京：北京联高软件开发有限公司，2007.

[5] 宋书善. 数控加工工艺. 成都：电子科技大学出版社，2008.

[6] 沈建峰. 数控车床编程与操作实训. 北京：国防工业出版社，2007.

[7] 沈建峰. 数控铣床/加工中心编程与操作实训. 北京：国防工业出版社，2008.

[8] 虞俊，宋书善. 基于生产实训的数控铣削工艺与编程. 北京：清华大学出版社，2010.

反侵权盗版声明

电子工业出版社依法对本作品享有专有出版权。任何未经权利人书面许可，复制、销售或通过信息网络传播本作品的行为；歪曲、篡改、剽窃本作品的行为，均违反《中华人民共和国著作权法》，其行为人应承担相应的民事责任和行政责任，构成犯罪的，将被依法追究刑事责任。

为了维护市场秩序，保护权利人的合法权益，我社将依法查处和打击侵权盗版的单位和个人。欢迎社会各界人士积极举报侵权盗版行为，本社将奖励举报有功人员，并保证举报人的信息不被泄露。

举报电话：（010）88254396；（010）88258888
传　　真：（010）88254397
E-mail：dbqq@phei.com.cn
通信地址：北京市万寿路173信箱
　　　　　电子工业出版社总编办公室
邮　　编：100036